Jörg Wurzer

W0067778

30 Minuten

Emotionale
Intelligenz

Bibliografische Information der Deutschen Nationalbibliothek

Die Deutsche Nationalbibliothek verzeichnet diese Publikation in der Deutschen Nationalbibliografie; detaillierte bibliografische Daten sind im Internet über http://dnb.d-nb.de abrufbar.

Umschlaggestaltung: die imprimatur, Hainburg
Umschlagkonzept: Martin Zech Design, Bremen
Lektorat: Sandra Klaucke
Satz: Zerosoft, Timisoara (Rumänien)
Druck und Verarbeitung: Salzland Druck, Staßfurt

Hinweis:
Das Buch ist sorgfältig erarbeitet worden. Dennoch erfolgen alle Angaben ohne Gewähr. Weder Autor noch Verlag können für eventuelle Nachteile oder Schäden, die aus den im Buch gemachten Hinweisen resultieren, eine Haftung übernehmen.

Printed in Germany

ISBN 978-3-86936-393-6

In 30 Minuten wissen Sie mehr!

Dieses Buch ist so konzipiert, dass Sie in kurzer Zeit prägnante und fundierte Informationen aufnehmen können. Mithilfe eines Leitsystems werden Sie durch das Buch geführt. Es erlaubt Ihnen, innerhalb Ihres persönlichen Zeitkontingents (von 10 bis 30 Minuten) das Wesentliche zu erfassen.

Kurze Lesezeit
In 30 Minuten können Sie das ganze Buch lesen. Wenn Sie weniger Zeit haben, lesen Sie gezielt nur die Stellen, die für Sie wichtige Informationen beinhalten.

- Alle wichtigen Informationen sind blau gedruckt.

- Schlüsselfragen mit Seitenverweisen zu Beginn eines jeden Kapitels erlauben eine schnelle Orientierung: Sie blättern direkt auf die Seite, die Ihre Wissenslücke schließt.

- *Zahlreiche Zusammenfassungen innerhalb der Kapitel erlauben das schnelle Querlesen.*

- Ein Fast Reader am Ende des Buches fasst alle wichtigen Aspekte zusammen.

- Ein Register erleichtert das Nachschlagen.

Inhalt

Vorwort

Dieses Buch zeigt, wie Intelligenz und Emotionalität aufeinander bezogen sind. Erst die Kombination führt zu einem erfolgreichen und glücklichen Leben.

Was bedeutet EQ?

Emotionen werden oft mit „Gefühlsduselei" verwechselt, die im harten Berufsalltag – in einer Zeit gnadenlosen Konkurrenzkampfes und zunehmenden Rationalisierungsdrucks – nichts zu suchen hätte. Doch das ist ein Missverständnis: Menschen mit hoher emotionaler Intelligenz werden in ihrem Handeln nicht von ihren Gefühlen dominiert; vielmehr vermögen sie aufgrund ihres Einfühlungsvermögens ihr Umfeld und andere Menschen gut einzuschätzen. Dies erlaubt ihnen, in den verschiedensten Situationen das für den Erfolg wichtige Fingerspitzengefühl einzusetzen. Sie können bestimmt und selbstbewusst auftreten und dabei auch einmal Niederlagen einstecken.

Aufbau dieses Buches

- Das erste Kapitel zeigt die enge und wichtige Beziehung zwischen EQ (Emotional Quality) und IQ (Intelligenzquotient).
- Im zweiten Teil des Buches geht es um ein besseres Verständnis unserer eigenen Gefühle sowie der anderer Menschen – unserer Kollegen, Mitarbeiter oder Vorgesetzten. Psychologische Tests helfen Ih-

nen zu erkennen, welcher Persönlichkeitstyp Sie sind und welche Charakterzüge Ihre Kollegen prägen.

- Kapitel 3 zeigt auf, wodurch emotional intelligentes Handeln gekennzeichnet ist, und gibt konkrete Anleitungen, wie man mit unterschiedlichen Persönlichkeiten umgeht.
- Wie Sie Ihren EQ in der Kommunikation einsetzen, erfahren Sie in Kapitel 4.
- Kapitel 5 schließlich weist Ihnen einen konkreten Weg, wie Sie emotional intelligentes Handeln lernen. Da ein EQ nicht festgelegt ist, können wir ihn entwickeln und verbessern. Sie erhalten eine konkrete Schritt-für-Schritt-Anleitung, um Ihre Gefühle zu schulen. Impulsfragen, Fallbeispiele und zahlreiche Hinweise auf die Praxis erleichtern die Umsetzung im Berufsalltag.

Vorteile für Berufs- und Privatleben

Unübersehbar ist die Bedeutung von Kooperation, Kundenbindung und Teamarbeit, die ohne tiefe Kenntnis von den Bedürfnissen, Neigungen und Gefühlen des Gegenübers nicht möglich ist. Deshalb ist dieses Buch nicht nur für Führungskräfte geschrieben, sondern für jeden, der seinen Alltag meistern will, gelassener und erfolgreicher leben will.

30 MINUTEN

1. IQ und EQ – das Erfolgs-gespann

Dr. Martin Klug kocht innerlich, als er zu Petra Achtsam, Leiterin der Entwicklungsabteilung, stürmt. Schon wieder lagen Änderungswünsche und Ideen eines Kunden auf seinem Tisch. „Irgendwann muss mal Schluss sein. Irgendwann muss man mal zum Punkt kommen", denkt sich Dr. Klug. Hinter der Glasscheibe des Büros von Petra Achtsam ist schließlich zu sehen, wie Dr. Klug auf sie einredet und dabei gestikuliert. Die Abteilungsleiterin hört aufmerksam zu. Dann ein Wortwechsel. Das Gesicht von Dr. Klug hellt sich auf, und gegen Ende des Gesprächs ist ein einvernehmliches Kopfnicken zu sehen.

Was ist passiert im Büro von Petra Achtsam? Kennen Sie auch solche Menschen wie Martin Klug? Intelligent, akademisch gebildet, und doch sind sie die ersten, die aus der Haut fahren. Und dann gibt es Menschen wie Petra Achtsam, die es verstehen, Spannungen zu lösen, indem sie die richtigen Worte finden. Ihr Verhalten ist bestimmt und selbstbewusst, aber nicht autoritär.

In diesem Buch geht es um die emotionale Intelligenz, die Sie dazu befähigt, mit Menschen kenntnisreich umzugehen sowie intuitiv schwierige Situationen zu meistern.

1.1 Wie unterscheiden sich IQ und EQ?

Einen hohen IQ (Intelligenzquotient) verbindet man im Allgemeinen mit herausragenden Leistungen wie z.B. einem überdurchschnittlichen Diplom. In der Tat hat der IQ etwas mit einer Leistung zu tun, wie sie in der Schule oder der Universität gefordert wird. Wenn wir etwas ausrechnen, Pläne konstruieren oder Wissen kombinieren, dann ist unser IQ gefordert. Intelligentes Handeln zeichnet sich dadurch aus, dass dabei etwas Neues entsteht oder eine Lösung für ein Problem gefunden wird, auf das bisher niemand eine Antwort wusste.

IQ: rationales Denken

Der IQ betrifft vor allem unsere bewussten Gedanken – wenn beispielsweise ein Kaufmann über eine Kostenkalkulation nachdenkt, aber auch, wenn ein Philosoph über den Sinn des Lebens sinniert. Wissenschaftler nennen diese Fähigkeit auch „kognitive Rationalität". Sie ist eng mit unserem Bewusstsein verknüpft, dessen Gedanken wir in Worte fassen können. Natürlich kommt die kognitive Intelligenz auch ständig im Alltag zum Tragen – sei es, dass Menschen einen preisbewussten Wocheneinkauf tätigen, eine Exceltabelle programmieren oder nach einem Weg suchen, aus einer engen Parklücke am besten herauszukommen.

Verstand und Gefühl gehören zusammen

Emotionen wurden lange Zeit als der Intelligenz entgegengesetzt gesehen. Die Wissenschaft ist mittlerweile zu einem anderen Ergebnis gekommen: Es gibt eine emotionale Intelligenz, die Hand in Hand geht mit der kognitiven Intelligenz. Eine strenge Gegenüberstellung von Gefühlen und vernünftigem Denken wäre demnach falsch. Auch Emotionen können rational sein. Robert K. Cooper und Ayman Sawaf schreiben in ihrem Buch „EQ. Emotionale Intelligenz für Manager": „Emotionale Intelligenz ist die Fähigkeit, die Kraft und den Instinkt von Gefühlen als Quelle für menschliche Energie, Informationen, Verbundenheit und Einfluss zu spüren, zu verstehen und effektiv einzusetzen." Einen hohen EQ zu haben bedeutet also, die eigenen Gefühle und die Gefühle anderer ernst zu nehmen und zu versuchen, diese zu verstehen.

Petra Achtsam aus dem oben genannten Beispiel (vgl. Seite 9) hätte auch anders reagieren können: mit gleicher Wut von der Vorrangstellung des Kunden sprechen und davon, ob Herr Dr. Klug denn immer noch nicht begriffen hätte, welche Spielregeln im Wirtschaftsleben gelten. In diesem Fall hätte das Gespräch kein gutes Ende genommen. Im Gegenteil: Aus der spontanen Wut wäre vermutlich ein handfester Streit geworden.

EQ heißt: mit Gefühlen umgehen können

Ungeachtet der Situation Gefühle zum Ausdruck zu bringen hat wenig mit emotionaler Intelligenz zu tun – ob es sich nun um ungehemmten Zorn handelt oder um introvertierte Empfindsamkeit. Ganz im Gegenteil: Daniel Goleman schreibt in seinem Bestseller „Emotionale Intelligenz" (München 1995), dass ein hoher EQ vielmehr bedeutet, die eigenen Gefühle zwar ernst zu nehmen, ihnen aber nicht ausgeliefert zu sein. Der Mensch ist in der Lage, seine Gefühle zu steuern und Verantwortung für sie zu übernehmen.

Zeichen von emotionaler Intelligenz sind eine hohe Selbstbeherrschung und das intuitive Wissen, Gefühle zur richtigen Zeit zu zeigen oder ihnen nachzugeben. Keineswegs ist damit eine Unterdrückung von Impulsivität und Gefühlen gemeint. Am besten passt das Bild eines Flusses, der weder gestaut wird noch ungehindert über die Ufer tritt, sondern seinen Weg durch ein Flussbett und Kanäle findet. Letztere fangen das Wasser auf, wenn einmal unverhofft viel kommt.

1.2 Was ist emotionale Intelligenz?

Wie sieht emotionale Intelligenz konkret aus? Daniel Goleman hat in Anlehnung an die Psychologen Peter Salovey und John D. Meyer fünf Stufen zur emotionalen Intelligenz aufgezeigt.

Die fünf Stufen zur emotionalen Intelligenz

1. Voraussetzung ist, die eigenen Emotionen zu erkennen. Ehrlichkeit und ein wenig Übung sind dazu erforderlich: Welche Gefühle bewegen mich? Löst eine Begegnung in mir Langeweile, Ärger oder vielleicht Angst aus? Wie reagiere ich, wenn mich jemand kritisiert? Was bedeutet für mich ein Lob?

2. Im nächsten Schritt ist es wichtig, mit den eigenen Gefühlen umgehen zu können und sie angemessen auszuleben: Ist es sinnvoll, meinen Ärger im Team lautstark zum Ausdruck zu bringen? Wenn nicht: Wie kann ich ihn dann loswerden? Wie kann ein Konflikt gelöst werden? Ein Zeichen von emotionaler Intelligenz kann sein, ein Gespräch erst einmal zu unterbrechen und zu einem anderen Zeitpunkt fortzusetzen, wenn die Gemüter sich beruhigt haben.

3. Wer seine Gefühle kennt und mit ihnen umgehen kann, kann sich darauf einlassen, Gefühle in die Tat umzusetzen. Hinter manchem Ärger stecken ein positiver Wille und Einsatzkraft für den Erfolg. Ängstlichkeit kann für ein vernünftiges Maß an Vorsicht genutzt werden.

Auch wichtig ist die Fähigkeit zur Beharrlichkeit, die Bereitschaft, ein Ziel zu verfolgen. Erfolgreiche, emotional intelligente Menschen können „Durststrecken" bis zum Durchbruch durchstehen. Immer wieder wird diese Eigenschaft gebraucht, sei es bei der Prüfungsvorbereitung, der Investition in zwischenmenschliche Beziehungen oder beim Aufbau einer Karriere oder eines Unternehmens. Wer nicht warten kann und alles sofort haben will, wird wenig Erfolg haben. Und hat man sein Ziel erreicht, gehört auch die Fähigkeit, den Erfolg zu genießen, zur emotionalen Intelligenz.

4. Beziehungen zu anderen Menschen aufzubauen und zu gestalten – ob privat oder im Beruf – verlangt Empathie (Einfühlungsvermögen). Damit ist die Fähigkeit gemeint, anhand von Stimme, Mimik, Gesten oder Verhalten anderer Menschen deren Gefühle zu erkennen: Weiß ich, was mein Gesprächspartner fühlt, wenn ich ihn auf seine Fehler anspreche? Kann ich mich in die Rolle meines Chefs hineinversetzen, der unter dem Druck der Kosten- und Terminvorgaben gereizt auf Verzögerungen reagiert? Sind mir die Gefühle meiner Kollegen wichtig?

5. Schließlich zeichnet sich emotionale Intelligenz durch den individuellen Umgang mit verschiedenen Menschen aus. So verschieden die Menschen sind, zu denen wir Beziehungen haben, so vielfältig sollten wir auch reagieren. Das heißt nicht, mit jedem gut Freund zu sein, sondern auf die unterschiedlichen

Persönlichkeiten eingehen zu können, Konflikte zu lösen und zu kooperieren, wo es möglich und sinnvoll ist. Sie können sich fragen: Berücksichtige ich mein Wissen und meine Einschätzung über andere, wenn ich mit ihnen zu tun habe? Nutze ich mein Einfühlungsvermögen aktiv, um Gespräche und Zusammenarbeit zu verbessern?

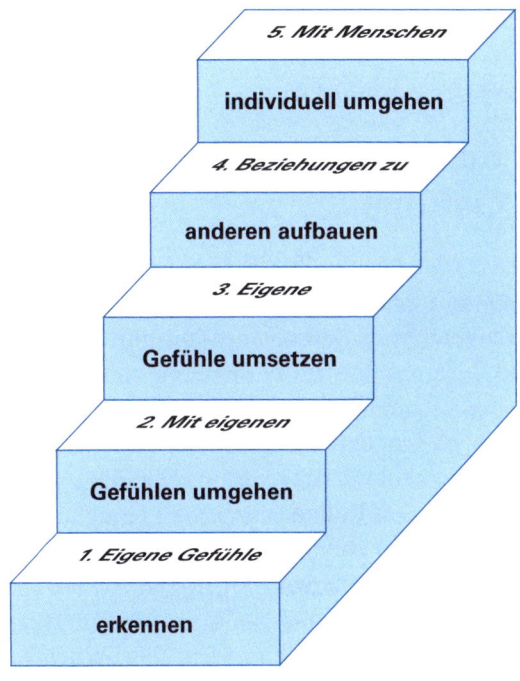

Die fünf Stufen zur emotionalen Intelligenz

Während die kognitive Intelligenz unser logisches, sprachliches und abstraktes Denken meint, ist emotionale Intelligenz die Fähigkeit, eigene Gefühle zu erkennen und mit ihnen umzugehen. Ebenso gehört dazu eine Feinfühligkeit gegenüber anderen Menschen, die uns dabei hilft, in verschiedenen Situationen das intuitiv Richtige zu tun, um eine gute Zusammenarbeit zu ermöglichen, Konflikte zu lösen und Beziehungen aufzubauen.

1.3 Kein sinnvolles Handeln ohne Gefühle

Der Psychologe Antonio Damasio machte vor wenigen Jahren eine spannende Entdeckung, die die traditionelle Vorstellung von Gefühl und Vernunft auf den Kopf stellte. Vorausgegangen war eine Untersuchung von Neurologie-Patienten, die Schädigungen an den Gehirnregionen hatten, die für unsere Gefühlswelt verantwortlich sind. Zum Teil waren jene Schädigungen durch Unfall oder eine schwere Operation bedingt.

Psychologische Untersuchungen

Damasio stellte fest, dass die betreffenden Menschen nicht mehr in der Lage waren, Pläne zu entwickeln oder Wichtiges von Unwichtigem zu unterscheiden. Außerdem berichtet der Psychologe von einem Patienten, dem es nicht gelang, Entscheidungen zu treffen. Alle Alternativen waren für ihn gleichwertig. Es fehlte ihm ein persönlicher Bezug oder eine Motivation, die ihm eine Orientierung hätte geben können.

Daniel Goleman berichtet von Tests, in denen Patienten ein strategisches Kartenspiel erlernten. Die Testpersonen wählten grundsätzlich eine Strategie, die einen kurzfristigen Erfolg einbrachte. Eine Spielstrategie, mit der sie nur langsam, dafür aber viel mehr Punkte erzielen konnten, kam ihnen dagegen nicht in den Sinn.

Der Verlust von Gefühlen bedeutet nicht zuletzt eine soziale Vereinsamung. Auch davon erzählen Berichte von Patienten, die keine sozialen Beziehungen knüpfen können. Sie sind nicht in der Lage, Bedürfnisse anderer zu erkennen und diese aufzugreifen.

Gefühle motivieren Handlungen

Verstand und Gefühl lassen sich nicht trennen. Die Gefühle sind es, die uns bei einer Fülle von rationalen Entscheidungsmöglichkeiten eine Alternative wählen lassen. Der Verstand kann Pro und Contra auflisten. Er lässt uns logische Schlussfolgerungen ziehen, also erkennen, was zu tun ist, wenn wir ein bestimmtes Ziel erreichen wollen.

Dr. Martin Klug kommt abgekämpft von seiner Arbeit nach Hause. Der Arbeitstag, ein Freitag, hatte länger gedauert als geplant, denn der Kunde sollte die überarbeiteten Pläne noch am Montag auf seinem Schreibtisch haben. „Morgen würde ich am liebsten mal gar nichts tun", denkt sich Dr. Klug, als er zu Bett geht. Und doch stellt er sich den Wecker für den nächsten Tag. Er will für die Prüfung eines Fernstudiums lernen. Davon verspricht sich Dr. Klug noch bessere Chancen für seine Karriere.

Gefühle formen Zukunftsvorstellungen

Ohne seine Emotionen hätte Dr. Martin Klug wohl nicht den Wecker gestellt. Warum auch? Leidenschaftslos hätte er seine Zukunft betrachtet. Da hätte es keinen Unterschied gegeben, ob er später einmal seine Karriere fortsetzt oder einen anderen Weg einschlägt. Dr. Klug hat aber eine genaue Vorstellung von der Zukunft, die ihn dazu bewegt, auch am Samstag früh aufzustehen. Visionen und Wünsche sind es, die uns zum Handeln motivieren. Ohne diese Gefühle würden nicht nur langfristige Ziele fehlen, sondern auch eine Sinnerfahrung. Auch negative Gefühle bewegen uns.

Die Liste der Zusammengehörigkeit von Vernunft und Gefühl ist lang. Umgekehrt brauchen wir für unsere Emotionen die kognitive Intelligenz. Letztere lässt uns beispielsweise im Beruf eine Situation von der sachlichen Seite her verstehen.

Erfahrungen bedingen Gefühle

In der Regel sind Gefühle nicht so irrational, wie manche vermuten. Sie entstehen oft aus einer Lernerfahrung heraus: Hatte Dr. Martin Klug bereits viel Ärger mit einem Kunden, wird er schon bei dessen Anruf ein ungutes Gefühl haben. Viele solcher Erfahrungen machen Menschen in ihrer Kindheit. Aber es wäre falsch zu glauben, dadurch seien wir in unserer emotionalen Intelligenz festgelegt. Ein EQ ist nicht angeboren, vielmehr lässt er sich erlernen und trainieren. Eine positive Veränderung, eine Verbesserung der emotionalen Intelligenz ist jedem möglich!

Gefühle leiten die Wahrnehmung

All unsere Wahrnehmung ist von Interessen, von unseren Gefühlen geleitet. Wenn beispielsweise jemand durch die Straßen geht und ein großer Freund von alten Autos ist, wird ihm sofort jeder Oldtimer auffallen, der am Straßenrand steht. Eine andere Situation: Glaubt jemand an seinen Erfolg, werden ihm Gelegenheiten für seine persönliche Entwicklung viel eher auffallen als dem Pessimisten. Selbst das, was wir von einer Unterhaltung verstehen, ist von Interessen und Erwartungen geprägt. Befürchtet eine Person Kritik, wird sie in einer Äußerung viel eher einen Angriff erkennen als jemand, der mit hohem Selbstbewusstsein seiner Arbeit nachgeht. Nicht selten entstehen gerade dadurch Missverständnisse und Konflikte.

Testen Sie sich doch einmal selbst mithilfe der Fragen auf der nächsten Seite.

Wie ausgeprägt sind Ihre Gefühle?

- Habe ich Visionen und Wünsche, die mich motivieren, meine persönlichen Pläne zu entwickeln?
- Welche Gefühle bewegen mich in meinem Alltag? Was motiviert mich, was spornt mich an?
- Worauf achte ich im Gespräch mit anderen Menschen? Ist es Kritik, sind es Forderungen, oder sind es vielleicht Chancen, einen Gewinn aus der Begegnung zu erzielen?
- Worauf richte ich meine Aufmerksamkeit? Versuche ich Fehler zu vermeiden, oder versuche ich Erfolg zu haben?
- Berücksichtige ich Perspektiven und Ansichten anderer, oder bin ich auf meine eigene Meinung fixiert?

Denken und Fühlen gehören zusammen. Das Denken lässt uns Situationen erkennen, Schlüsse ziehen und Pläne erstellen. Unsere Gefühle hingegen geben uns Motivation, lassen uns vorsichtig sein und andere Menschen verstehen. Von daher ist mit gutem Grund von einer emotionalen Intelligenz die Rede. Werte und Interessen lenken unsere Aufmerksamkeit und prägen unser Bild von der Welt.

1.4 Bedeutung der emotionalen Intelligenz im Beruf

Nur etwa 20 Prozent des Erfolgs sind durch einen hohen IQ bedingt. Die übrigen 80 Prozent werden zu einem großen Teil durch die emotionale Intelligenz geprägt. Viele Akademiker mit hoch ausgeprägten analytischen Fähigkeiten arbeiten später in einfachen Berufen oder sind für Vorgesetzte mit einem geringeren IQ tätig. Das ist kein Zufall, denn die kognitive Intelligenz allein reicht für einen Erfolg im Beruf nicht aus. Mindestens ebenso wichtig ist die emotionale Intelligenz.

Ausdauer – Kennzeichen des EQ

Meist ist der Weg zum Erfolg lang. Junge Menschen müssen in ein Studium oder in eine Ausbildung investieren. Existenzgründer fangen mit hohen Krediten an und brauchen bis zu fünf Jahre, um ihre Früchte zu ernten. Manche Überstunden und schlaflose Nächte fallen an, und der Lohn für diese Anstrengungen bleibt erst einmal aus. Nicht zuletzt verlangt auch die Investition in Menschen und Beziehungen Geduld.

Misserfolge verkraften – Kennzeichen des EQ

Jeder macht die Erfahrung, dass der Weg zu Erfolgserlebnissen auch mit Misserfolgen gepflastert ist. Pläne scheitern, geleistete Arbeit wird kritisiert, oder Missverständnisse führen zum Streit. Darüber traurig zu sein, sich zu ärgern oder frustriert den Schreibtisch zu verlassen ist ganz natürlich. Emotionale Intelligenz zeichnet sich dadurch aus, wieder anzufangen und die Erfahrung, die ein Misserfolg mit sich bringt, zu verarbeiten und zu nutzen. Eine berechtigte Kritik kann helfen, weiterzukommen und sich positiv zu verändern, auch wenn sie zunächst verletzt.

Die eigenen Grenzen abstecken

Leistung kann Spaß machen, aber sie darf nicht zum Kampf werden. Ehrlichkeit gegenüber sich selbst bedeutet auch, sich selbst zu fragen:

- Welchen Preis bin ich bereit für meinen Erfolg zu bezahlen?
- Was bedeutet es für mich, wenn ich ein bestimmtes Ziel nicht erreiche?

Es gibt Menschen, die in ihrem Leben nur das Prinzip von Gewinner oder Verlierer sehen. Der Psychologe Paul Watzlawick nennt diese Ansicht „Nullsummenspiel": „Entweder ich gewinne oder ich verliere." Dieser Kampf ist mit hohen emotionalen Kosten verbunden und für ein Team oder jede andere Gemeinschaft tödlich. Wer dagegen emotional intelligent handelt, kann auch sein ursprüngliches Ziel loslassen, wenn deutlich wird, dass dieses nur unter hohen Kosten erreicht werden kann.

Beziehungen gestalten – Kennzeichen des EQ

Ein hoher EQ, der sich durchaus trainieren lässt, befähigt dazu, Kontakte und Vertrauen aufzubauen, um im

Beruf mit Kooperation weiterzukommen. Auf lange Sicht ist man damit erfolgreicher als diejenigen, die lediglich auf ihre analytisch-kognitive Intelligenz setzen und mit viel Fleiß Entwicklungen betreiben, Wissen sammeln oder Projekte kalkulieren.

Teamfähigkeit und Kooperation lohnen sich sowohl für die einzelne Person als auch für ein Unternehmen. Dazu ist es notwendig zu erspüren, von welchen Zielen, Motivationen, Ängsten und Neigungen Kollegen, Freunde, Kunden und Vorgesetzte geprägt sind. Können Sie diese Persönlichkeitsmerkmale für den Kreis von Menschen, mit denen Sie täglich zu tun haben, aufzählen? Schließlich gilt es die Fähigkeit einzuüben, Konflikte früh genug zu erkennen und zu lösen.

Emotionale Intelligenz (EQ) ist die Fähigkeit, eigene Gefühle und die anderer Menschen zu verstehen und mit ihnen umzugehen.

- *Vernunft und Gefühl hängen eng zusammen: Die Vernunft liefert Argumente, Schlussfolgerungen und eine Analyse, während Gefühle Motivation, Aufmerksamkeit und Sensibilität beisteuern.*
- *Emotionale Intelligenz ist für unseren Erfolg mindestens ebenso wichtig wie der IQ. Sie erlaubt uns, mit Misserfolgen umzugehen, Ausdauer zu haben, Kooperationen und Beziehungen aufzubauen und Konflikte zu lösen.*

30 MINUTEN

2. Die Sprache der Gefühle: Signale verstehen

Um mit Emotionen, Neigungen und Wünschen umgehen zu können, müssen wir sie zunächst verstehen lernen. Nur zu einem Bruchteil äußern Menschen diese wichtigen Informationen mittels gesprochener Worte. Viel größere Bedeutung haben Tonfall, Gesten, Körperhaltung, Mimik und das Verhalten (z.B. das Ausbleiben von Gesprächen und Kontakten). Wer andere verstehen will, wird nach diesen Signalen Ausschau halten. Doch wissen Sie auch, was Sie selbst bewegt und wie Sie damit umgehen? Haben Sie schon einmal Ihr Selbstbild – Ihre Einschätzung, wie Sie zu sein glauben – mit dem Fremdbild – der Ansicht anderer über Sie – verglichen?

2.1 Achtsamkeit gegenüber sich selbst

Volker Drücker ist begeistert von seinem Produkt. Im Verkaufsgespräch mit Peter Skeptisch nimmt er schnell die Führung ein. Drücker ist kaum zu bremsen, als er die Vorzüge vorführt. „Überzeugung zeigen" ist seine Devise. Nach dem Gespräch hat er ein gutes Gefühl. „Nichts habe ich ausgelassen. Der Kunde ist gut informiert", denkt sich Drücker. Doch statt sich von der Begeisterung mitreißen zu lassen, wird Peter Skeptisch immer zurückhaltender. Er erlebt den Verkäufer als aufdringlich.

In dem Beispiel laufen Selbst- und Fremdbild auseinander. Volker Drücker sieht sich als erfolgreichen und dynamischen Verkäufer, der um keine Antwort verlegen ist. Peter Skeptisch wünscht sich dagegen ein ganz anderes Verkaufsgespräch, in dem er mehr Gelegenheiten hat, Fragen zu stellen und kritisch zu prüfen. Volker Drücker wirkt auf ihn oberflächlich statt dynamisch. Gehen die beiden nicht aufeinander zu, wird das Gespräch letztlich scheitern.

Selbst- und Fremdbild

Wo Selbst- und Fremdbild nicht übereinstimmen, sind Enttäuschungen und Missverständnisse vorprogrammiert. Das Verhalten der Gesprächspartner geht aneinander vorbei, jeder reagiert – aus Sicht des anderen – falsch.

Während beispielsweise ein in der Regel sehr stiller Mensch den Eindruck hat, seinen Forderungen Nachdruck zu verleihen, mag sein Verhalten in den Augen anderer sehr zurückhaltend sein. Ungeduldige Menschen sehen in einem gewissenhaften Verkäufer den „kleinkarierten" Angestellten, obwohl dieser sich selbst als zuverlässigen Mitarbeiter sehen mag, auf den sich seine Kollegen verlassen können. Zu berücksichtigen ist immer auch die jeweilige Situation – das Klima auf einer Großbaustelle ist beispielsweise anders als in einer Bank.

Die eigenen Verhaltensweisen erkennen

„Nur nicht aus der Haut fahren", denkt sich Volker Drücker. Er kennt seine Ungeduld und seinen Enthusiasmus genau. Als Peter Skeptisch sich nicht überzeugen lässt, bremst Drücker sein Tempo und legt seinem Kunden eine schriftliche Beschreibung des Produktes mit Qualitätsnachweisen vor. Skeptisch beginnt sich zu interessieren.

Wer emotional intelligent handeln will, muss sich selbst erst einmal genau kennen. Nur wer sich selbst versteht und die eigenen Gefühle akzeptiert, kann offen sein für die Gefühle und Neigungen seiner Kollegen, Kunden oder Lieferanten. Erkenntnis beginnt mit der Selbsterkenntnis. Wer seine typischen Verhaltensweisen kennt, kann sich vornehmen, sich auf die rationalen Argumente zu konzentrieren und so eventuelle Vorbehalte aufzugeben. Wer sich kennt, kann Situationen suchen, in denen er wachsen und optimale Leistung im Job bringen kann.

Nach Feedback fragen

Wer Offenheit praktiziert, kann nach einem Feedback fragen und Feedback geben. Das ist der beste Weg, um Selbstbild und Fremdbild zu vergleichen.

- Feedback geben heißt: aus subjektiver Perspektive einen Eindruck schildern: „Ich erlebe Sie unaufmerksam", nicht: „Sie sind ja nie bei der Sache."
- Feedback bekommen heißt: Perspektiven anderer zur Kenntnis nehmen, sich nicht verteidigen.
- Fragen Sie Ihren Gesprächspartner nach Verhaltensalternativen: „Wie kann ich auf Sie eingehen?"

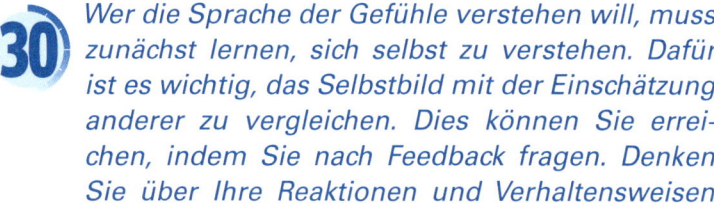

Wer die Sprache der Gefühle verstehen will, muss zunächst lernen, sich selbst zu verstehen. Dafür ist es wichtig, das Selbstbild mit der Einschätzung anderer zu vergleichen. Dies können Sie erreichen, indem Sie nach Feedback fragen. Denken Sie über Ihre Reaktionen und Verhaltensweisen nach, und versuchen Sie diese zu akzeptieren.

2.2 Welcher Persönlichkeitstyp sind Sie?

Überlegen Sie, welche Stichworte wohl am besten zu Ihnen passen:

- impulsiv
- mutig
- ehrgeizig
- zielstrebig
- risikofreudig
- selektierend
- reaktionsschnell
- pragmatisch
- ungeduldig

- zurückhaltend
- vorsichtig
- genau
- abwägend
- kalkulierend
- analytisch
- überlegend
- logisch
- diszipliniert

- sprunghaft
- redefreudig
- optimistisch
- aktionsfreudig
- wechselhaft
- spontan
- humorvoll
- darstellend
- emotional

- kontinuierlich
- ruhig
- abwartend
- Routine liebend
- beständig
- sicherheitsorientiert
- kollegial
- vermittelnd
- stabil

- Fühlen Sie sich vom Block 1 angesprochen? Dann sind Situationen, in denen Sie Herausforderungen annehmen, Konkurrenz überwinden und zielorientiert arbeiten können, ideal für Sie. Achten Sie aber auch darauf, dass Ihre Gefühle und die anderer nicht zu kurz kommen. Versuchen Sie zu akzeptieren, dass andere Menschen in einem anderen Tempo arbeiten, fühlen und denken.

- Finden Sie sich in den Stichworten von Block 2 wieder? Dann sind Aufgaben, in denen Sie konzipieren, strukturieren und analysieren können, für Sie genau richtig. Versuchen Sie aber auch, sich anderen mitzuteilen und weniger streng im Umgang mit sich selbst zu sein. Akzeptieren Sie die spontane und menschenorientiert-extrovertierte Art anderer. Führen Sie sich vor Augen, wie sich Ihre Persönlichkeit mit der anderer Menschen ergänzt.

- Passen die Stichworte von Block 3 am besten zu Ihnen? Dann lieben Sie es sicher, mit Menschen umzugehen, Kontakte zu knüpfen und Neues zu entdecken. Nicht alle Menschen können bei Ihrem Tempo mithalten. Zögerer mögen lästig auf Sie wirken. Seien Sie verbindlich, und geben Sie ihnen ein Gefühl von Kontinuität. Unter Druck reagieren Sie möglicherweise ausweichend und chaotisch. Führen Sie sich jedoch vor Augen: Konflikte müssen nicht immer der Harmonie und Beliebtheit schaden – im Gegenteil: Häufig festigen sie Beziehungen und stärken die Zusammenarbeit.

- Vielleicht gehören Sie aber auch zu denjenigen, die sich von Block 4 angesprochen fühlen. Dann werden Sie gerne mit vertrauten Menschen zusammenarbeiten, nach Kontinuität und Sicherheit streben. Bedenken Sie, dass jede Veränderung eine Chance bedeutet, und versuchen Sie konsequenter zu sein. Überlisten Sie Ihre eigenen Gefühle, indem Sie sich großen Zielen in kleinen Etappen nähern.

Gefühle erkennen und akzeptieren

Niemand hat ständig positive Gefühle. Jeder kennt Ängste und Frust am Arbeitsplatz. Eine Verdrängung dieser Gefühle führt nicht weiter. Im Gegenteil: Sie tauchen später wieder auf – in plötzlichen Wutausbrüchen, resignierter Scheintätigkeit oder offener Aggression. Es gilt daher, seine Gefühle zu erkennen, sensibel zu sein. Dazu gehört Mut, der sich aber lohnt. Taucht beispielsweise ein Konflikt auf, fragen Sie sich:

- Empfinde ich Angst?
- Empfinde ich Wut, weil vielleicht ein Kollege durch seine Leichtfertigkeit einen Liefertermin verzögert hat und ich jetzt von Überstunden mitbetroffen bin?

Das Beste ist, seine Gefühle zunächst zu akzeptieren. Überlegen Sie dann, wodurch diese Gefühle ausgelöst wurden.

Wahrscheinlich wissen Sie, welcher Persönlichkeitstyp Sie sind, welche Charakterzüge Sie haben. Akzeptieren Sie diese – auch die negativen. Versuchen Sie nicht, negative Eigenschaften zu leugnen.

2.3 Mit persönlichen Energien umgehen

Es ist schon fast Abend geworden, als Volker Drücker einen Anruf seines Kunden Skeptisch erhält. Dieser macht ihm ein Gegenangebot: Das Produkt möchte er mit weiteren Artikeln in einem Komplettpaket erwerben, doch fordert er dafür nochmals einen Nachlass. „Das Angebot klingt verlockend", denkt sich Drücker, trotzdem wartet er. Nach einem langen, anstrengenden Tag ist nicht der richtige Zeitpunkt, solche folgenreichen Entscheidungen zu treffen.

Niemand besitzt unendliche Ressourcen. Das ununterbrochene Arbeiten an wichtigen Projekten verbraucht viel geistige und emotionale Energie, die wieder „aufgetankt" sein will. Wer ohne Erholung weitermacht, wird zwar nach einer gewissen Zeit nicht mehr die Erschöpfung spüren, doch der Burn-out ist dann nicht mehr weit.

Sich nicht überfordern

Emotional intelligentes Handeln bedeutet auch, mit seinem Energiehaushalt umzugehen, zu fühlen,

- wann es Zeit für eine Pause ist,
- wann Sie sich eine Erholung gönnen sollten,
- wann Sie fit für Entscheidungen sind,
- wann Sie genügend Energie haben, um Höchstleistungen zu erbringen.

Pausen nicht vergessen

Wenn Sie sich nicht bewusst Pausen gönnen, werden Körper und Geist diese selbst einfordern, beispielsweise durch unkonzentriertes Arbeiten oder Leerlaufphasen.

- Legen Sie alle 20 bis 30 Minuten einige Sekunden Pause ein, indem Sie aus dem Fenster schauen, bewusst entspannen, vielleicht die Augen schließen.
- Nach längerer monotoner Arbeit sollten Sie einige Minuten etwas anderes machen, Ihre Sitzhaltung ändern, etwas trinken oder sich bewegen. Moderne Schreibtische lassen es zu, sowohl im Stehen als auch im Sitzen zu arbeiten.
- Wenn Sie auf diese Weise sorgsam und gefühlvoll mit Ihrer Energie haushalten, fühlen Sie auch, wann Sie sich an schwierige Entscheidungen wagen können.

Emotional intelligentes Handeln bedeutet, mit seinen Energien sinnvoll umzugehen. Spüren Sie in sich hinein und gönnen Sie sich Pausen, wenn Sie erschöpft sind. Nur so können Sie gute Leistungen erbringen.

2.4 Achtsamkeit gegenüber anderen

Empathie (Einfühlungsvermögen) ist eine Kernfähigkeit des emotional intelligenten Handelns. Sie lässt sich erlernen und einüben. Unser Gegenüber sendet viele Signale, die fast ausschließlich unbewusst gedeutet werden. Ein bewusstes Beobachten hilft aber, den Blick dafür zu schärfen, was der andere fühlt, denkt und was ihn bewegt. Empathie bedeutet im Grunde, sich auf den anderen einzustellen.

Signale unseres Gegenübers

- Stimme: Spricht die Person in einem erregten Vibrato, in einer hohen Tonlage, oder schweigt sie desinteressiert oder – in Abhängigkeit von Mimik und Körperhaltung – als Zeichen der Ablehnung?
- Gestik: Ist sie lebhaft als Zeichen einer lebendigen, extrovertierten Gefühlswelt, oder lässt sie auf Aufregung schließen? Wie sehen die Handbewegungen aus? Wirft die Person den Kopf in den Nacken, oder legt sie ihn misstrauisch zur Seite?
- Körperrhythmus: Ist er bewegt und schnell? Variiert er ständig, oder ist er eher eintönig? Hält sich die Person zurück, signalisiert sie gar ein Gefühl der Unbehaglichkeit? Wer von den anwesenden Personen gibt den Rhythmus vor?
- Körperhaltung: Sitzt die Person gerade und verkrampft? Lehnt sie sich entspannt zurück, oder beugt Sie sich interessiert vor?
- Gesichtsausdruck und Mimik: Ist das Gesicht ausdruckslos, kühl? Oder wirkt die Person offen, weil sie anderen in die Augen schauen kann?

Eine Übereinstimmung mit Ihrem Gegenüber erkennen Sie an der Synchronisation von diesen Signalen, also dann, wenn Sie sich in ähnlicher Sitzhaltung, mit vergleichbaren Gesten und Ausdrucksformen erleben.

Empathie lässt sich lernen

- Es gibt Menschen, die nicht gelernt haben, Empathie aufzubringen. Im beruflichen wie im privaten Leben werden sie dadurch viele negative Erlebnisse auf der Beziehungsebene einstecken müssen. Die folgenden Tipps können Ihnen helfen, Empathie zu erlernen.
- Fragen Sie nach, wenn Sie unsicher sind, was Ihr Gesprächspartner fühlt: „Ich verstehe Ihre Reaktion nicht. Können Sie mir weiterhelfen?"
- Fordern Sie Ihren Gesprächspartner zu einem Feedback auf oder bieten Sie selbst eines an: „Ich habe den Eindruck, dass Sie mit dem Angebot noch nicht ganz zufrieden sind. Stimmt meine Beobachtung?"
- Wechseln Sie einmal die Perspektive, und schlüpfen Sie in die Rolle Ihres Gegenübers. Wie würden Sie an seiner Stelle empfinden?
- Pflegen Sie Verbundenheit, indem Sie sich nach dem Befinden des anderen erkundigen und den persönlichen Kontakt durch regelmäßige Begegnungen aufrecht erhalten.
- Suchen Sie einmal am Tag auch die Stille. Hektik und Stress machen uns blind für die Gefühle und Signale unserer Mitmenschen.

Um erkennen zu können, was Ihr Gegenüber denkt und empfindet, sollten Sie aufmerksam seine Körpersprache beobachten. Versuchen Sie, sich in seine Situation zu versetzen: Wie sieht er die Angelegenheit?

Signale im Gespräch nutzen

Peter Skeptisch hat Volker Drücker zu sich in seine Firma eingeladen. Beide sitzen sich im großzügigen Konferenzraum gegenüber. Auf dem Tisch hat Peter Skeptisch sorgfältig das Angebot ausgebreitet, und er fragt nach einigen konkreten Einzelheiten. Drücker antwortet detailliert und nimmt dabei die gerade Haltung seines Gegenübers ein. Als er merkt, dass dessen Augen umherwandern, bricht Drücker ab und stellt eine Gegenfrage. Skeptisch gewinnt langsam Vertrauen, und es kommt später zu einem guten Abschluss.

Wenn Sie ein Auge für die Gefühle und Reaktionen Ihres Gesprächspartners entwickelt haben, können Sie auf diese gezielt eingehen, um mögliche Bedenken oder Unsicherheiten auszuräumen. In einem Verkaufsgespräch sollten Sie beispielsweise auf Folgendes achten:

- Sitzt der Gesprächspartner verkrampft mit angespannten Muskeln? Ist seine Körperhaltung verschlossen? Lassen Sie in diesem Fall dem Gespräch Zeit. Jetzt schon auf einen Abschluss zu drängen wäre falsch. Finden Sie heraus, worüber der Kunde gerne redet. Fragen Sie nach, ob er Einwände hat oder ob Informationen fehlen.
- Ist Ihr Kunde aufmerksam und konzentriert? Oder wandern seine Augen durch den Raum? Statt selbst viel zu erzählen, sollten Sie in letzterem Fall versuchen, stärker auf die Situation Ihres Gegenübers

einzugehen, ihm Fragen zu stellen und einen wirklichen Dialog zu führen.

- Stimmen Ihre Körperhaltung und Gestik mit der Ihres Kunden überein? Ist das der Fall, können Sie direkt auf Ihr Anliegen zu sprechen kommen und nach einer Entscheidung fragen. Ansonsten sollten Sie erst noch Vertrauen aufbauen. Nicht die Sache ist dann das Problem, sondern die Verschiedenheit Ihrer Persönlichkeiten.

- Stellt Ihr Kunde eine Wissensfrage oder verteidigt er sich selbst? Ist Letzteres der Fall, hilft kein Argument mehr. Bringen Sie das Gespräch wieder auf eine sachliche Ebene. Versuchen Sie die Kompetenz des anderen hervorzuheben oder – wenn berechtigte Kritik besteht – diese auf den konkreten Fall zu lenken. Vermitteln Sie Ihrem Gesprächspartner das Gefühl, ihn ernst zu nehmen. Fühlt er sein Selbstwertgefühl verletzt, kommt es oft zu Konflikten.

Ein wesentlicher Bestandteil des emotional intelligenten Handelns ist die Achtsamkeit für andere Menschen. Versuchen Sie, sich in ihre Situation zu versetzen – was empfinden sie, was könnten sie wollen? Empathie (Einfühlungsvermögen) lässt sich erlernen. Achten Sie besonders auf körpersprachliche Signale wie Mimik, Gestik, Stimmlage und Haltung etc.

2.5 Welcher Persönlichkeitstyp ist Ihr Gegenüber?

Nicht jeder Mensch empfindet gleich. Während einige eine Kritik ohne Probleme wegstecken, grübeln andere darüber tagelang nach und sind entmutigt. Emotional intelligentes Verhalten berücksichtigt diese Unterschiede. Wissenschaftlich fundierte Persönlichkeitsmodelle aus der Psychologie wie das DISG-Profil stellen den Zusammenhang zwischen Verhalten und persönlichen Wünschen, Ängsten und Neigungen heraus.

Erkennen Sie Ihre Mitmenschen

Denken Sie nun an einen Mitmenschen, mit dem Sie nicht so gut umgehen können – an einen Kollegen, Kunden oder Bekannten. Kreuzen Sie an, welche Eigenschaften Sie bei ihm jeweils als zutreffend empfinden:

☐ impulsiv	☐ zurückhaltend
☐ mutig	☐ vorsichtig
☐ ehrgeizig	☐ genau
☐ zielstrebig	☐ abwägend
☐ risikofreudig	☐ kalkulierend
☐ selektierend	☐ analytisch
☐ reaktionsschnell	☐ überlegend
☐ pragmatisch	☐ logisch
☐ ungeduldig	☐ diszipliniert

☐	sprunghaft	☐	kontinuierlich
☐	redefreudig	☐	ruhig
☐	optimistisch	☐	abwartend
☐	aktionsfreudig	☐	Routine liebend
☐	wechselhaft	☐	beständig
☐	spontan	☐	sicherheitsorientiert
☐	humorvoll	☐	kollegial
☐	darstellend	☐	vermittelnd
☐	emotional	☐	stabil

- Ist die Person, die Sie im Auge haben, eher dem ersten Block zuzuordnen? Vermutlich wird Vertrauen dann entstehen, wenn Sie Konsequenz zeigen und schnell auf den Punkt kommen. Ist jemand ein sehr ungeduldiger Mensch, wird ihn ein bedächtiger Gesprächspartner nervös machen. Auch wenn Sie keine rechte Entscheidung treffen und zögern, werden Sie sein Vertrauen nicht gewinnen. Selbstbewusstes Auftreten macht bei dieser Person dagegen Eindruck.

- Wenn Sie an einen Menschen denken, der dem Block 2 am ehesten zuzuordnen ist, wird er Peter Skeptisch ähneln. Zu viel Nähe ist ihm unangenehm. Auch mit voreiliger Herzlichkeit werden Sie keine Früchte ernten. Für ihn zählt Genauigkeit – eine Eigenschaft, die schon dadurch zerstört wird, dass sie mal „fünf gerade sein lassen". Ein Vier-Augen-Gespräch bewährt sich bei solchen Menschen eher als eine Erörterung in der Gruppe, bei der sie sich oft zurückhalten.

- Ist die Person eher dem Block 3 zuzuordnen, erwartet sie vermutlich viel Offenheit, um Vertrauen zu fassen. Zurückhaltung und eine verschlossene Haltung werden auf wenig Gegenliebe stoßen. Beachten Sie im Gespräch auch die persönliche Ebene, legen Sie Ihre Strenge ab. Argumente überzeugen diesen Persönlichkeitstyp am ehesten, wenn sie personenbezogen sind, Erfahrungen beschreiben und nicht bloß auf messbaren Ergebnissen oder Fakten fußen.
- Schließlich bleibt noch Block 4 übrig. Vertrauen entsteht bei diesen Menschen, indem man ihnen das Gefühl vermittelt, sie zu akzeptieren. Menschen mit dieser Persönlichkeit brauchen oft mehr Zeit als andere, um sich an Veränderungen zu gewöhnen und neue Ideen zu akzeptieren. Zugehörigkeit zu einer stabilen Gruppe ist diesen Menschen sehr wichtig. Durch einen gelassenen, natürlichen Umgang bauen Sie am besten eine Beziehung zu ihnen auf.

Der erste Schritt zum emotional intelligenten Handeln ist das Erkennen und Verstehen von Gefühlen – sowohl der eigenen als auch der anderer Menschen.

- *Achten Sie darauf, wie Sie sich in verschiedenen Situationen verhalten und wie andere darauf reagieren.*

- *Mimik, Gestik, Körperhaltung und Stimme geben Ihnen Auskunft über die Gefühle anderer Menschen. Versuchen Sie, auf die verschiedenen Persönlichkeiten einzugehen.*

- *Menschen haben unterschiedliche Persönlichkeitsstile, hinter denen verschiedene Neigungen und Gefühle stehen. Versuchen Sie, Ihr Verhalten auf Ihr Gegenüber abzustimmen. Nur so können Sie überzeugen.*

30 MINUTEN

3. Emotional intelligentes Handeln

„Meine Entscheidung, mit dem Grafikstudio Klaus & Klaus zusammenzuarbeiten, war ein Fehler", gibt die Projektleiterin Cornelia Aufrecht zu. Die Qualität sei nicht zuverlässig gewesen. Markus Hinterrücks reibt sich in Gedanken schon die Hände. „Wenn dadurch nun das Projekt verzögert wird, ist das meine Chance, sie vom Sessel zu schubsen", denkt er sich. Doch Cornelia Aufrecht macht nicht den Fehler, die Sache vertuschen zu wollen. Mit den Teammitgliedern geht sie konsequent und an der Sache orientiert zu einer Problemlösung über. Ihre Offenheit gibt dem Team Sicherheit und bringt ihr Sympathiepunkte ein. Jeder arbeitet in der Teamsitzung konzentriert mit. Ebenso offen werden Ideen und eigene Probleme genannt.

3.1 Emotionale Ehrlichkeit praktizieren

Ihr fachlicher Fehler hätte Cornelia Aufrecht zum Verhängnis werden können. Markus Hinterrücks wartet nur darauf, ihren Platz einzunehmen. Doch Cornelia Aufrecht zeigte trotz ihres Fehlers Stärke statt Schwäche, indem Sie nicht stotternde Entschuldigungsversuche machte, sondern zu einer Problemlösung überging. Das Team begriff die Offenheit und arbeitete mit, da es gerade durch das Verhalten der Projektleiterin Vertrauen gewonnen hatte. Ebenso offen wurden eigene Probleme diskutiert und spontane Ideen eingebracht.

Offenheit führt weiter

Cornelia Aufrecht hätte auch die Schwierigkeiten vertuschen oder immer wieder auf andere abschieben können. Doch das hätte dem Unternehmen wenig gedient, ebenso wenig dem Team, denn die Differenzen wären immer deutlicher zutage getreten.

Offenheit bedeutet Mut. Das gilt erst recht für emotionale Offenheit, mit der man eine Überforderung, die Einsicht in einen Fehler oder einen Konflikt zum Ausdruck bringt. Diese Offenheit bietet Angriffsfläche in einer Unternehmenskultur, die von Konkurrenzkampf und egozentrischem Karrieredenken geprägt ist. Jeder Mitarbeiter setzt aber mit seiner Offenheit Signale, die letztlich dem gesamten Team nützen.

Wo Distanz nötig ist

Die Mitarbeiter von Cornelia Aufrecht wissen, dass sie jederzeit ansprechbar ist. Obwohl sie die Projektleiterin ist, integriert sie sich ins Team. Die Atmosphäre ist locker und entspannt. Dennoch weiß Cornelia Aufrecht die Arbeit in den Vordergrund zu rücken. Stress, den sie privat hat, hält sie aus der Arbeitswelt heraus.

Emotional intelligentes Handeln findet die richtige Balance zwischen Offenheit und Distanz. Ein Team ist etwas anderes als eine Freundschaft. Bei einem Team steht das gemeinsame Ergebnis an erster Stelle. Deshalb wird weitgehend die Beziehungs- von der Sachebene getrennt, um unnötige Konflikte zu vermeiden. Gibt es Schwierigkeiten, kann sich das Team so auf die konkrete Problemlösung konzentrieren. Nicht immer ist die Bereitschaft für Offenheit im gleichen Maße vorhanden. Manchmal können einzelne Mitarbeiter, z.B. durch eine hohe Belastung, auch blockiert sein.

Ein Kennzeichen von emotional intelligentem Handeln ist Ehrlichkeit. Wer einen fachlichen Fehler gemacht hat, sollte dies offen zugeben, statt anderen die Schuld zuzuschieben. Nur so kann ein Team mit konzentrierter Kraft das gewünschte Ergebnis herbeiführen.

3.2 Interesse am Mitmenschen zeigen

Einen anderen Menschen zu respektieren und das auch zu zeigen gehört zu den Grundlagen der emotionalen Intelligenz. Wenn sich Menschen verletzt, angegriffen oder herabgesetzt fühlen, sind sie für die Arbeit blockiert. Wer diesen Zusammenhang kennt, kann viel produktive Kraft freisetzen.

„Ich möchte Sie um Rat fragen", wendet sich Cornelia Aufrecht während der Teambesprechung an Markus Hinterrücks. „Sie begleiten das Projekt kritisch. Sehen Sie einen alternativen Weg, den wir mit Klaus & Klaus gehen können?" Markus Hinterrücks ist von der direkten Frage überrascht. Sogleich rückt er mit einer Idee heraus, die ihm schon lange unter den Nägeln brennt: „Man könnte die erstklassigen Entwürfe weiter dort in Auftrag geben, aber eine andere Druckerei suchen", antwortet Hinterrücks begeistert und merkt kaum noch, dass ihm für den Widerspruch der Wind aus den Segeln genommen wurde.

Wenn Sie Ihren Gesprächspartner, Kollegen oder Kunden ernst nehmen, ist das ein erster Schritt zum Aufbau einer Vertrauensbeziehung. Ihr Gegenüber wird sich öffnen. Obiges Beispiel zeigt, dass sich auf diese Weise auch Konflikte entschärfen lassen und ein Gespräch auf die Sachebene zurückgeholt werden kann.

So gehen Sie vor

- Fragen Sie Ihre Mitmenschen ehrlich um Rat: „Können Sie mir helfen, ein Problem zu lösen? Ihre Meinung ist mir wichtig."

- Finden Sie die Stärken der Person heraus, und benennen Sie konkret, was Ihnen daran gefällt: „Vielen Dank für die Hilfe. Ihre Schnelligkeit beeindruckt mich immer wieder." Übertreibung kann allerdings zu noch mehr Skepsis führen, vor allem bei den Menschen, die zu einem introvertierten, kritischen Verhalten neigen.

- Räumen Sie anderen Menschen Freiräume ein, und schenken Sie ihnen Vertrauen. Damit sprechen Sie ihnen Kompetenz zu. Statt eine konkrete Vorgehensweise zu vereinbaren, beziehen Sie sich auf Ergebnisse. Dabei ist es immer möglich, auch Hilfe anzubieten. Positive Vorschläge haben eine viel bessere Wirkung als negative Kritik. „Ich habe bisher mit Klaus & Klaus zusammengearbeitet. Könnten Sie sich das auch vorstellen?"

- Beziehen Sie den Standpunkt und das Anliegen Ihres Gesprächspartners mit ein, vor allem dann, wenn es um ein heikles Thema geht. „Ich stelle fest, dass Sie mehr Eigenverantwortung wünschen. Wie können wir diesem Wunsch nachkommen?"

Zeigen Sie ehrliches Interesse an Ihren Kollegen, zumindest auf der fachlichen Ebene. Fragen Sie nach ihrer Meinung und berücksichtigen Sie ihre Anliegen. Stellen Sie ihre jeweiligen Stärken heraus.

3.3 Mit unterschiedlichen Persönlichkeiten umgehen

Es war bereits von unterschiedlichen Persönlichkeitstypen die Rede, die individuelle Neigungen, Gefühle und Verhaltensweisen haben. Nun ist die Aufgabe, Menschen zu führen, nicht nur eine Angelegenheit der Topmanager. Schon ein Teamleiter wird sich mit der Rolle anfreunden müssen, verschiedene Perspektiven und Meinungen zusammenzubringen. Jedes einzelne Teammitglied braucht Menschenkenntnis, wenn es darum geht, optimal mit Kollegen zusammenzuarbeiten. Emotional intelligentes Handeln passt sich der Persönlichkeit an. Einige Beispiele mögen das verdeutlichen. Auf den nächsten Seiten werden Hinweise gegeben, wie man am besten mit den unterschiedlichen Menschen umgeht.

Grundsätzlich gilt: Gefühle sind ansteckend. Probieren Sie einmal aus, wie andere auf Ihr fröhliches Gesicht reagieren. Oft vollziehen wir im Umgang mit anderen Menschen sogar deren Gesichtszüge nach. Das bedeutet, dass jeder die Möglichkeit hat, sein Umfeld mitzuprägen. Das gilt erst recht für eine Führungskraft, die im Fokus des Teams steht. Wer optimistisch denkt, kann diese Energie auch weitergeben.

Mit gefühlsintensiven, menschenorientierten Persönlichkeiten umgehen

Miriam Wendig hat nie ein Problem damit, einen kreativen Entwurf zu zeichnen. Einige Skizzen liegen in der

Schublade bereit. Systematisch geordnet sind sie aber nicht. Das gilt für ihre gesamte Arbeit: Überall fängt Miriam Wendig an, dabei verzettelt sie sich manchmal, vor allem, wenn sie sich wieder durch ein Gespräch ablenken lässt. Über ihre Arbeit zu sprechen ist ihr besonders wichtig. Im Meeting kann sie begeistert von Ideen erzählen. Überhaupt sind ihre Reaktionen stark, bisweilen kann sie sogar richtig traurig werden.

Cornelia Aufrecht überlegt sich, wie sie auf ihre Mitarbeiterin optimal eingeht:

- Am besten gibt sich die Projektleiterin ganz offen und unkompliziert. Das wird bei Miriam Wendig Vertrauen schaffen. Gespräche führt sie auf eine sehr persönliche Art.
- Wenn es etwas zu kritisieren gibt, wird Cornelia Aufrecht allen Ausweichversuchen der Grafikerin entgegentreten müssen. Sehr deutlich spricht sie daher das Problem und mögliche Konsequenzen an.
- Am liebsten arbeitet Miriam Wendig im Team, was ihr die Projektleiterin auch zu ermöglichen versucht.
- Cornelia Aufrecht wartet nicht darauf, dass sich der Frust bei ihrer Mitarbeiterin anstaut. Sie erkundigt sich regelmäßig nach der Arbeit von Miriam Wendig und nimmt ihre Gefühle ernst.
- Die Projektleiterin achtet speziell bei Miriam Wendig darauf, dass sie Vereinbarungen verstanden hat; zu schnell gehen Details verloren.

- Um noch mehr aus ihrer Mitarbeiterin herauszuholen, entwickelt Cornelia Aufrecht zusammen mit Miriam Wendig einen strukturierteren Arbeitsstil für diese. Dazu gehört auch, dass sie Teilergebnisse zu festgelegten Terminen sehen möchte.
- Bei einem Problemlösungsprozess legt Cornelia Aufrecht die Betonung auf eine logische Entscheidung, um ein Gegengewicht zur Impulsivität ihrer Mitarbeiterin zu setzen.

Mit stillen, Rückhalt suchenden Persönlichkeiten umgehen

Die Projektassistentin Nicole Herzig fühlt sich in dem eingespielten, vertrauten Team wohl. Ein regelmäßiger Alltag langweilt sie nicht, sondern ist genau das Richtige für sie. Im Team ist sie unauffällig: Zwar sagt sie bei den Meetings wenig, doch ist ihre Leistung immer zuverlässig. Die Qualität schwankt kaum. Bevor es zum Konflikt kommt, dauert es einige Zeit. Meist bespricht sie sich mit ihrer Freundin aus einem anderen Team. Ihr Arbeitsplatz ist voll mit Papier, aber sie findet sich gut zurecht.

- Aufgaben, die Nicole Herzig allein übernehmen soll, gibt Cornelia Aufrecht mit ausreichenden Hinweisen über die Vorgehensweise weiter. Bei Veränderungen bekommt die Mitarbeiterin Zeit, sich Schritt für Schritt an die neue Situation zu gewöhnen.
- Anerkennung motiviert Nicole Herzig besonders. Daher hebt Cornelia Aufrecht deren positive Eigen-

schaften wie Ausdauer und Zuverlässigkeit hervor. Diese persönlichen Worte lockern das Klima auf und geben der Assistentin ein Gefühl der Zugehörigkeit.

- Von Zeit zu Zeit informiert sich die Projektleiterin über den Stand der Aufgaben, die Nicole Herzig übernommen hat. Zögert diese, Entscheidungen zu treffen, macht Cornelia Aufrecht Mut, indem sie darauf hinweist, dass das Projekt nur durch eine klare Stellungnahme vorankommt.

- Übt Cornelia Aufrecht Kritik an ihrer Mitarbeiterin, achtet sie darauf, den Fokus auf die Sache zu legen, nicht auf die Person, denn schnell fühlt sich Nicole Herzig persönlich angegriffen.

- Nicole Herzig ist keine Einzelgängerin, eine kooperative Arbeit motiviert sie. Sie hat daher einen Platz im Großraumbüro.

- Um auch vom Wissen und von den Erfahrungen ihrer eher stillen Mitarbeiterin zu profitieren, fragt Cornelia Aufrecht im Meeting konkret nach, was Nicole Herzig über die besprochene Sache denkt. Die Projektleiterin macht ihr klar, wie wichtig es ist, zwischen Beziehungs- und Sachebene zu unterscheiden.

Erfolg im Umgang mit anderen Menschen werden Sie erst haben, wenn Sie Ihr jeweiliges Verhalten auf die Persönlichkeit Ihres Gegenübers abstimmen. Bei extrovertierten Kollegen werden Sie anders auftreten müssen als bei stillen, introvertierten Mitarbeitern.

Mit leistungsorientierten, faktenbezogenen Persönlichkeiten umgehen

Fred Bull kann schnell so richtig an die Decke gehen. Bedächtigere Mitarbeiter im Team, die seiner Meinung nach den Arbeitsprozess verlangsamen, können der Grund für einen solchen Wutausbruch sein. Sein Schreibtisch ist immer aufgeräumt, da er sich auf das Wichtigste und Dringendste konzentriert. Er weiß, was er will, und setzt sich auch meist durch. Dabei kann es aber auch passieren, dass er sich über die Gefühle anderer hinwegsetzt, so dass sich diese durch seine Art verletzt fühlen.

- Die Projektleiterin zeigt Stärke im Umgang mit Fred Bull. Ohne Umschweife kann sie mit ihm konkrete Vorgaben vereinbaren. Zwar bietet sie auch methodische Unterstützung an, doch Fred Bull arbeitet am liebsten so selbstständig wie möglich. Dafür braucht sie ihm auch nichts zweimal zu sagen.
- Muss Fred Bull korrigiert werden, beschränkt sich die Projektleiterin auf die Fakten und Konsequenzen. Ihre eigenen Vorstellungen präsentiert sie ihm als Lösungsvorschlag, ohne ihn zu diesen zu drängen.
- Zu Veränderungen ist Fred Bull gerne bereit, wenn sie helfen, das Ergebnis zu verbessern. Entsprechend argumentiert auch Cornelia Aufrecht. Akzeptiert Bull das Gesagte, geht die Umsetzung meist schnell, denn er gewöhnt sich schnell an Neues.
- Wie wichtig Kooperation und Geduld sind, macht die Projektleiterin ihrem Mitarbeiter mit sachlichen Ar-

gumenten deutlich. Da er kaum Einfühlungsvermögen hat – auch sich selbst gegenüber –, gibt Cornelia Aufrecht ihm in persönlichen Gesprächen dazu einige praktische Hinweise.

- Wenn Cornelia Aufrecht mit Fred Bull spricht, kommt sie schnell auf den Punkt. Mit Zielen und Zukunftsperspektiven kann sie ihn motivieren, viel Leistung zu bringen und Teamgeist zu zeigen.

Mit genauen, eher introvertierten Persönlichkeiten umgehen

Konrad Kleinlich hat immer einen aufgeräumten Schreibtisch. Er mag das stabile Team und ist im Alltag ausgeglichen, wenn er nicht mal wieder eine grüblerische Phase hat. Werden neue Ideen vorgestellt, findet er oft „das Haar in der Suppe". In den Augen einiger Mitarbeiter wirkt er distanziert und nur schwer zugänglich. Wenn es zu einem Streit kommt, wird Konrad Kleinlich zynisch oder reagiert mit spitzen Bemerkungen. Aus der Haut fährt er allerdings nie.

- Cornelia Aufrecht pflegt einen höflich-freundlichen Umgang mit Konrad Kleinlich. Auch bei Besprechungen unter vier Augen wahrt sie eine Distanz, die der Mitarbeiter braucht, um sich wohl zu fühlen.
- Das Vertrauen gewinnt die Projektleiterin, weil sich Konrad Kleinlich hundertprozentig auf ihre Aussagen verlassen kann.
- Bei Konflikten versucht die Projektleiterin, die Gemüter zu beruhigen. Nur in einer sachlichen

Atmosphäre öffnet sich Konrad Kleinlich. Ein starker Ausdruck von Gefühlen ist ihm unangenehm.

- Für Veränderungen lässt Cornelia Aufrecht ihrem Mitarbeiter Zeit, damit er sich an das Neue gewöhnen kann. Sie erklärt ihm die Perspektiven und den Sinn der Veränderungen. Sie weiß, wie wichtig ihm die Beantwortung dieser Warum-Frage ist.

- Kleinlich ist glücklich, wenn er merkt, dass seine Kompetenz und seine Bemühungen um beste Qualität anerkannt werden. Die Projektleiterin achtet aber auch darauf, dass er sich dabei nicht verzettelt.

- In der Zusammenarbeit ist Konrad Kleinlich zurückhaltend. Deshalb bekommt er Aufgaben, die hohe Selbstständigkeit erfordern. Dennoch braucht er eine lose Zusammenarbeit mit seinen Kollegen, beispielsweise durch regelmäßige Meetings.

- Seine Fähigkeit, berechtigte Kritik zu üben, und seinen Blick für logische Fehler macht sich Cornelia Aufrecht konsequent zunutze. Wenn es darum geht, Verbesserungen zu finden, fragt sie bei ihm nach.

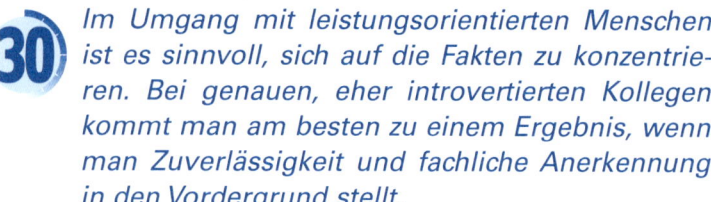

Im Umgang mit leistungsorientierten Menschen ist es sinnvoll, sich auf die Fakten zu konzentrieren. Bei genauen, eher introvertierten Kollegen kommt man am besten zu einem Ergebnis, wenn man Zuverlässigkeit und fachliche Anerkennung in den Vordergrund stellt.

3.4 Situationsgerechtes Verhalten und Führen

Ein Team kann sich in ganz unterschiedlichen Phasen befinden: Seine Mitglieder können schon Routine in der Zusammenarbeit haben oder sich erst seit kurzer Zeit kennen. Emotional intelligentes Handeln berücksichtigt die jeweilige Situation. Analysieren Sie die Ausgangsbedingungen, und wählen Sie auf dieser Grundlage eine individuelle Vorgehensweise.

Cornelia Aufrecht erinnert sich noch an die erste Zeit im Projektteam. Konrad Kleinlich war ganz neu ins Unternehmen gekommen, und für Nicole Herzig war es die erste Stelle nach Abschluss ihrer Ausbildung. Fred Bull kam aus einer anderen Abteilung. Das PR-Geschäft kannten alle schon recht gut, doch an der Zusammenarbeit musste noch gefeilt werden. Es herrschte Unsicherheit, das Vertrauen war noch nicht gewachsen. „Wir haben viel Zeit im Meeting verbracht", resümiert die Projektleiterin. Regeln wurden festgelegt, ebenso ein Leitbild und eine gemeinsame Philosophie, hinter der alle Mitarbeiter stehen.

Dirigierender Führungsstil

In einer solchen Aufbauphase ist ein dirigierender Führungsstil angesagt. Die Mitarbeiter brauchen Klarheit über Ziele, Methoden und Rollen. Diese Situation ist zugleich ein Start, um Regeln zu vereinbaren – beispielsweise für das Vorgehen bei Konflikten –, um das

Maß von Eigenverantwortung festzulegen und Perspektiven aufzuzeigen. Werden Mitarbeiter früh genug beteiligt, steigt ihre Motivation. Menschen wollen ernst genommen werden – um so mehr, je höher ihre Kompetenz und Erfahrung sind.

Gefühle untereinander

Emotionale Ehrlichkeit wird von allen Teammitgliedern gefordert, damit sich Ärger (z.B. über nicht eingehaltene Termine) nicht aufstaut. Empfinden Sie spontane Abneigung gegenüber einem Teammitglied, können Sie sich fragen: Womit vergleiche ich diese Person? Gebe ich ihr eine Chance, versuche ich sie kennenzulernen? Was sind ihre positiven Eigenschaften? Passen unsere Persönlichkeiten einfach nicht zusammen, oder gibt es konkrete Dinge, die ich nennen kann, damit die Zusammenarbeit besser wird?

Trainierender Führungsstil

Als sich das Team von Cornelia Aufrecht eingespielt hatte, begann die eigentliche Arbeit. Fehler wurden gemacht. Die Praxis schulte die Mitarbeiter und stellte die Zusammenarbeit auf die Probe. Die Projektleiterin achtete in dieser Phase genau auf die zwischenmenschlichen Kontakte und überlegte, welche Kompetenzen der einzelnen Mitarbeiter noch ausgebaut werden mussten. Daher waren Seminare und Workshops keine Seltenheit. Cornelia Aufrecht führte sogar gegenseitige Schulungen durch, bei denen die Mitarbeiter abwechselnd zu Trainern wurden.

In dieser Phase ist ein trainierender Führungsstil angebracht. Das Team entwickelt sich und hat noch viele Potenziale. Noch kann nicht jeder die volle Selbstverantwortung für eine Tätigkeit übernehmen. Fragen Sie sich: Gibt es unausgesprochene Gefühle? Bilden sich Gruppen heraus? Achten Sie darauf, dass möglichst alle Teammitglieder zum Zuge kommen.

Als Mitarbeiter sollten Sie ebenfalls wachsam für die Gefühle und Stimmungen sein: Wie reagieren die anderen auf mich? Erledige ich meine Arbeit gern, oder entsteht jetzt schon so etwas wie langweilende Routine? Presche ich mit meinen Ideen vielleicht so sehr vor, dass ich die anderen überrolle?

Ein dirigierender Führungsstil empfiehlt sich, wenn das Team noch nicht zusammengewachsen ist. In der folgenden Phase hilft ein trainierender Führungsstil, die Kompetenzen der einzelnen Mitarbeiter auszubauen.

Unterstützender Führungsstil

Mit der Zeit wächst die Kompetenz des Teams von Cornelia Aufrecht. Einige brauchen noch Hilfestellungen, wenn Schwierigkeiten auftauchen. Auf den Meetings gehen die Themen noch nicht aus. Frau Wendig ist als neue Mitarbeiterin hinzugekommen und muss erst noch in das Team eingeführt werden. Die Projektleiterin bekommt dennoch zunehmend Luft, um sich um strategische Dinge zu kümmern.

Ein unterstützender Führungsstil ist dann sinnvoll, wenn das Team bereits eingespielt ist und der einzelne Mitarbeiter selbstständig arbeiten kann. Respektieren Sie die Verantwortung und die Kompetenz des anderen.

Delegierender Führungsstil
In Zukunft sollen die Mitarbeiter ihre Arbeitsbereiche eigenverantwortlich mit weitreichenden Kompetenzen ausfüllen. Die Zusammenarbeit organisiert sich spontan und selbstständig. Cornelia Aufrecht ist zufrieden.

In dieser Situation können Sie getrost delegieren und Eigenverantwortung der Mitarbeiter fordern. Ein Fehler wäre es, Eigenverantwortung zu verlangen, ohne die nötige Entscheidungskompetenz zu gewähren. Denn nur wenn die Mitarbeiter Entscheidungen für ihren Arbeitsbereich treffen können, ist es auch gerechtfertigt, Konsequenzen zu fordern, sobald Fehler auftreten. Halten Sie die Augen auf für Veränderungen. Immer wieder muss daran gearbeitet werden, das Niveau zu halten. Emotionale Intelligenz weiß, dass es Schwankungen und Ermüdungserscheinungen gibt.

Mit Widersprüchen umgehen
Manchmal kann es vorkommen, dass Sie zwischen zwei Stühlen sitzen: Wie Sie sich auch entscheiden, es gibt immer eine negative Seite. Angenommen, Sie führen ein Unternehmen, dem es schlecht geht. Eine Rationalisierungsmaßnahme könnte Ihre Marktposition verbes-

sern, dafür müssten Sie aber einige langjährige Mitarbeiter entlassen. Wie würden Sie entscheiden? Emotionale Intelligenz zeichnet sich dadurch aus, dass sie mit solchen Situationen umgehen kann. „Ambiguitätstoleranz" nennt das die Psychologie.

Emotional intelligentes Handeln ist durch emotionale Aufrichtigkeit und ein situationsgerechtes Verhalten gekennzeichnet:

- *Jeder – ob Teammitglied oder Führungskraft – sollte im Umgang mit anderen Menschen die unterschiedlichen Persönlichkeiten berücksichtigen.*
- *Ebenso wichtig ist die Situation, in der sich eine Person oder ein Team befindet. Dies betrifft Gefühle, Kompetenzen und Motivation.*
- *Ein hoher EQ zeichnet sich durch eine hohe Ambiguitätstoleranz aus: die Fähigkeit, mit widersprüchlichen Situationen umgehen zu können.*

30 MINUTEN

4. EQ und der Umgang mit Sprache

Worte haben eine nicht zu unterschätzende Wirkung. Sie transportieren neben den objektiven Inhalten auch eine Fülle von Nebenbedeutungen. Dazu gehören beispielsweise der Grad der Wertschätzung des Gegenübers, die Beziehung zwischen Sprecher und Adressat oder die eigene emotionale Befindlichkeit.

4.1 Die Rolle des Sprechers

Eine der vielen Botschaften, die in der Sprache versteckt sind, ist die Rolle, die der Sprecher einnimmt. Die Transaktionsanalyse hat zwischen „Eltern-Ich", „Erwachsenen-Ich" und „Kind-Ich" unterschieden.

- Erstere Rolle wird durch Sätze verkörpert, bei denen der Sprecher ein Gefühl der Überlegenheit ausdrückt, z.B. „Passen Sie auf, dass Sie dabei nicht in eine Falle tappen." Auf solche Äußerungen reagieren viele Menschen, indem sie automatisch in eine unterlegene Rolle schlüpfen: „Dann machen Sie demnächst

Ihre Sachen doch allein." Mit einer trotzigen Haltung (Kind-Ich) reagiert man auf den kritisierenden Sprecher (Eltern-Ich).

- Wer die Erwachsenen-Rolle einnimmt, würde im oben genannten Dialog z. B. mit folgender Äußerung reagieren: „Das ist ein schwerer Vorwurf. Welche konkreten Fehler können Sie nennen?" Damit reagieren Sie (als Erwachsenen-Ich) und durchkreuzen den Automatismus, mit dem Sie Ihre zugewiesene Rolle (unterlegenes Kind-Ich) bestätigen würden.

- Die letzte der drei Rollen, das Kind-Ich, bezieht sich auf ein trotziges, bettelndes oder untergebenes Handeln. Auch hier haben Sie Gelegenheit, einen Dialog auf eine sachbezogene Ebene zurückzuholen, z.B. so: „Bitte lassen Sie es mich noch einmal versuchen. Ich werde diesmal auch den Termin bestimmt einhalten."

Die Wirkung von Worten steuern

Worte haben eine hohe suggestive Wirkung. Mit ihnen rufen Sie bei anderen Menschen mentale Bilder hervor. Wollen Sie positive Akzente setzen, motivieren und anspornen, nennen Sie einfach positive Begriffe. Sprechen Sie z.B. von „Problemlösung" statt von „Fehlersuche".

Die suggestive Wirkung von Worten zeigt eindrucksvoll das folgende Gedankenexperiment: Versuchen Sie einmal, fünf Minuten nicht an einen rosaroten Elefanten zu denken. – Es ist einfach unmöglich, dieser Aufforderung nachzukommen.

Ähnlich funktioniert die Alltagshypnose:

Am liebsten würde Markus Hinterrücks jetzt das Wochenende beginnen lassen. Doch da müssen noch einige lästige Briefe geschrieben werden. Zielstrebig geht er auf seine Assistentin Nicole Herzig zu. „Frau Herzig, Sie sind eine gute Kraft. Ich weiß, dass Sie diese Briefe auch ohne meine Hilfe schreiben können. Ich zähle auf Sie." Wie erwartet, nimmt seine Assistentin die Mehrarbeit auf sich, und er selbst kann früher Feierabend machen.

Hätte Nicole Herzig abgelehnt, wäre das oberflächlich betrachtet der Aussage gleichgekommen, keine gute Kraft zu sein und unzuverlässig zu sein. Wie könnte sie also antworten, um dennoch keine Überstunden machen zu müssen? Vielleicht so: „Ich bin bereit, Ihnen zu helfen. Wie können wir uns die Arbeit teilen?"

Die richtigen Worte wählen

Worte können Druck ausüben oder Stress erzeugen. Statt die Zukunft eines Unternehmens schwarz zu malen, kann es beispielsweise besser sein, die konkreten Probleme und Konsequenzen einer Entwicklung zu beschreiben. Dann können Mitarbeiter reagieren, Lösungsvorschläge einbringen und kreative Ideen entwickeln.

Immer ist die genaue Problembeschreibung schon ein gutes Stück auf dem Weg zur Lösung: „Wenn wir mit Klaus & Klaus weiter unverändert zusammenarbeiten, wird es unser ganzes Projekt verzögern. Es ist sehr wahrscheinlich, dass in diesem Fall der Kunde abspringt. Das bedeutet einen Einbruch von 90 Prozent unseres Umsatzes, sodass dieses Projektteam auf zwei Mitarbeiter verzichten muss, wenn mittelfristig kein neuer Kunde gewonnen werden kann."

Finden Sie heraus, wie Worte die Menschen bewegen. Welche Worte lösen Widerstand aus, welche wecken positive Assoziationen? Welche Sprache wird in Ihrem Umfeld gesprochen?

4.2 Emotionale Offenheit durch Feedback

Oft wissen Menschen nicht, warum es zu einem Konflikt gekommen ist. Auf Fehler reagiert man im Beruf oft mit Pauschalurteilen. Für eine weitere Zusammenarbeit ist das nicht dienlich. Einige Feedbackregeln helfen Ihnen dabei, emotionale Intelligenz anzuwenden:

- Sprechen Sie den konkreten Fall an, den Sie meinen: „Die letzten vier Projektarbeiten haben Sie eine Woche später als vereinbart abgeschlossen. Was war der Grund dafür?" Falsch wäre eine allgemeine Verurteilung: „Sie fallen durch Ihre Unzuverlässigkeit auf. Welche Entschuldigung ist es denn diesmal?"
- Statt zu drohen, nennen Sie einfach Konsequenzen: „Wenn wir das Projekt nicht pünktlich abschließen, werden wir den Kunden verlieren."

- Versuchen Sie mit offenen Fragen, Ihr Gegenüber aktiv werden zu lassen, um eine Veränderung zu erreichen: „Welchen Vorschlag haben Sie, um in Zukunft die Fristen nicht mehr zu überschreiten?" Falsch wäre eine strikte Vorgabe: „Ich werde Ihnen wohl demnächst auf die Finger schauen müssen."

- Positives zu betonen kann bei sehr kritikanfälligen Mitarbeitern hilfreich sein, damit diese nicht in eine blockierende Verteidigungshaltung fallen: „Ich schätze Ihre Genauigkeit, auf die sich das ganze Team verlassen kann. Zugleich erlebe ich, dass Sie die Fristen für die letzten vier Projektarbeiten nicht berücksichtigt haben. Was ist der Grund dafür?"

- Vermeiden Sie Füllwörter: „Nach meiner Erfahrung funktioniert das nicht" klingt viel besser als „Nach meiner Erfahrung funktioniert das doch nicht". Das „doch" hat die Nebenbedeutung, dass der Gesprächspartner das Gesagte eigentlich wissen müsste, also zu dumm ist, selbst darauf zu kommen. Ebenso wichtig ist es, auf Verallgemeinerungen zu verzichten wie „Ihren Projekten muss ich immer hinterherlaufen" oder „Es ist aber auch kein Verlass auf Ihre Arbeit".

Mit geeigneten Formulierungen nach Feedback zu fragen verbessert die Zusammenarbeit. Wenn Sie selbst Feedback geben, sollten Sie Ihre Worte mit Bedacht wählen.

4.3 Mit emotionaler Intelligenz Dialoge führen

Stundenlang hat Markus Hinterrücks mit seiner quirligen Kollegin Miriam Wendig gesprochen. Ohne Ergebnis. Während Markus Hinterrücks auf das zu erreichende Ergebnis pocht, fühlt sich Miriam Wendig in die Ecke gedrängt. „Denk' auch mal an die Mitarbeiter. Ich habe keine Lust, mir jedes Wochenende um die Ohren zu schlagen", pfeift ihn die Mitarbeiterin an.

Beide Gesprächspartner sehen nur ihre eigene Perspektive. Meinungen und Positionen werden wiederholt, ohne dass es zu einer Meinungsänderung oder einem befriedigenden Gesprächsausgang kommt. Um ein Gespräch geschickt zu führen, ist es wichtig, sich auf den Dialogpartner einzustellen, seine Positionen und Gefühle aufzugreifen. Ist beispielsweise eine Person außer sich, würde es sie noch mehr aufregen, wenn jemand mit gleichgültiger Stimme antwortet.

Hier gilt wieder das Prinzip der Synchronisation (vgl. Seite 34). Greifen Sie daher das Verhalten Ihres Gesprächspartners auf: Welche Bewegungen macht er oder sie? Spricht er leise oder laut? Ist die Stimme bewegt oder eher ruhig? Ahnen Sie, wie Ihr Gesprächspartner sich zur Zeit fühlt? Was geht in seinem Kopf vor? Kennen Sie seine Anliegen und Ziele?

Aktiv zuhören

Folgende Aspekte gehören zum aktiven Zuhören:

- Nehmen Sie eine ähnliche Körperhaltung und Gestik wie Ihr Gesprächspartner ein und passen Sie sich im Sprachrhythmus an, indem Sie beispielsweise eine langsame, bedächtige Sprache oder eine Sprache mit kurzen Sätzen wählen, die schnell zum Punkt kommt. Bestätigen Sie durch Kopfnicken, dass Sie Ihr Gegenüber verstanden haben:

  Cornelia Aufrecht sitzt Markus Hinterrücks gegenüber, der distanziert und in gerader Haltung am Konferenztisch Platz genommen hat. Normalerweise gibt sich die Projektleiterin immer sehr offen und locker, doch als sie sich an ihren Mitarbeiter richtet, nimmt auch sie eine formale und doch freundliche Haltung ein.

- Halten Sie Blickkontakt mit Ihrem Gesprächspartner. Introvertierten Menschen, denen es unangenehm ist, Auge in Auge zu sprechen, hilft es, sich gemeinsam auf ein Flipchart, eine Grafik oder einen Text zu konzentrieren.

  Die Projektleiterin lässt sich auf eine Diskussion mit Markus Hinterrücks ein und schaut ihm offen ins Gesicht. Nun muss auch er Farbe bekennen. Statt auf seine spitze Eingangsbemerkung zurückzukommen, er habe es kommen sehen, dass es mit der Agentur Klaus & Klaus nicht funktioniere, schlägt er nun vor, eine Druckerei zu beauftragen.

Gemeinsame Ziele verfolgen

Ein gemeinsames Ziel oder Anliegen ist der beste Ausgangspunkt für einen Dialog. Zumindest Sie selbst sollten sich über das Gesprächsziel im Klaren sein. Wenn Sie sich darauf konzentrieren, werden Sie Ihrer Wut oder Ihrer Ungeduld weniger Raum geben.

Innerlich spürt Cornelia Aufrecht Ärger aufkommen. „Warum muss Markus Hinterrücks aber auch immer quertreiben", denkt sich die Projektleiterin. Doch sie weiß, was sie will: Es soll ein gutes Projekt werden, das zur Zufriedenheit aller abgeschlossen werden soll. Daher wendet sie sich direkt an Markus Hinterrücks und bespricht mit ihm, wie das gemeinsame Ziel erreicht werden kann.

- Nehmen Sie die Äußerungen des Dialogpartners auf. Sie geben Ihnen wertvolle Hinweise, um das Gespräch zu lenken.

  Markus Hinterrücks liefert mit seinem Vorschlag ein wichtiges Stichwort: „Ich würde mich gerne um den Kontakt zu einer Druckerei bemühen." Cornelia Aufrecht nutzt diese Bemerkung, um eine Wende im Gespräch herbeizuführen. Sie kann dem Mitarbeiter in seinem Wunsch, mehr Verantwortung zu tragen, nachkommen, und zugleich bietet sich die Gelegenheit, ihn in die Pflicht zu nehmen.

Zusammenfassen und bestätigen

- Um Missverständnisse zu vermeiden, ist es sinnvoll, die Äußerungen des Gesprächspartners zu wiederholen. Zugleich signalisieren Sie dadurch, dass Sie ihn ernst nehmen, und können den Dialog steuern.

Nachdem Markus Hinterrücks seinen Vorschlag unterbreitet hat, will sich Cornelia Aufrecht noch einmal vergewissern, ob sie ihn richtig verstanden hat: „Habe ich Sie richtig verstanden: Sie schätzen die Qualität der Entwürfe von Klaus & Klaus, bemängeln aber die technische Ausführung durch die hauseigene Produktion?", hakt die Projektleiterin nach.

- Fragen Sie während des Gesprächs nach, ob Ihr Gesprächspartner einverstanden ist oder ob noch etwas unklar geblieben ist.

Cornelia Aufrecht beobachtet Markus Hinterrücks genau. Seine verkrampfte Haltung löst sich allmählich auf. Nach der Vereinbarung über die Suche nach einer Druckerei fragt die Projektleiterin das Ergebnis noch einmal ab: „Sind Sie damit einverstanden, dass Sie sich um einen besseren Informationsfluss zwischen unseren Partnern kümmern?"

Kennzeichen des emotional intelligenten Handelns sind emotionale Ehrlichkeit und die Fähigkeit zu einem fairen Dialog.

- **Dabei ist es wichtig, die richtige Balance zwischen Offenheit und Distanz zu gewinnen.**
- **Um Beziehungen aufzubauen und zu gestalten, hilft ein echtes Interesse an den Menschen und eine Verbindlichkeit, die Vertrauen schafft.**
- **Ein Dialog erfordert aktiv zuzuhören, wirksame Fragen zu stellen und Feedback zu geben.**

30 MINUTEN

Kennen Sie die fünf Punkte, um emotional intelligentes Handeln zu erlernen?

Seite 72

Wissen Sie, wie Sie sich selbst motivieren können?

Seite 81

Wie können Sie Verantwortung für Ihre Gefühle übernehmen?

Seite 83

5. Emotionale Intelligenz lernen

„So geht es nicht voran", murmelt der Informatiker Thomas Hacker und wendet sich wieder seinen langen Befehlszeilen auf dem Bildschirm zu, ohne sich richtig auf seine Arbeit zu konzentrieren. In Gedanken ist er noch bei dem Gespräch mit seiner Kollegin Vera Spitz. Über eine Programmroutine hatten sie diskutiert und später sogar darüber gestritten. „Sie sind nur dagegen, weil Sie dann Ihre Lösung abändern müssten", kritisierte Thomas Hacker. Das Ergebnis ihrer Unterhaltung war gleich null. Beide beschlossen, das Problem im Teammeeting noch einmal vorzutragen. Vielleicht würde man in der Gruppe eine Lösung finden. Thomas Hacker ist sich sicher: Das Gespräch hätte auch anders laufen können. Emotionale Intelligenz müsste man haben.

Theoretisch hören sich die Erkenntnisse aus der Psychologie logisch an. Die Umsetzung in der Praxis kann dagegen schwerfallen: Vielleicht haben Sie sich vorgenommen, emotional intelligent zu handeln, fallen aber nach ein, zwei Tagen wieder in Ihr gewohntes Verhalten zurück. Oder ein Streit bringt Sie trotz aller guten Vorsätze auf die Palme. Daher ist es wichtig, dass Sie Schritt für Schritt Ihren Weg zu emotional intelligentem Handeln gehen. Auf den folgenden Seiten erfahren Sie, welche Phasen Sie durchlaufen sollten, um mit emotionaler Intelligenz mehr Erfolg im Beruf zu haben:

1. Seine Mitmenschen einschätzen und verstehen
2. Selbstvertrauen und Selbstbewusstsein entwickeln
3. Soziale Kompetenz lernen
4. Sich selbst motivieren
5. Verantwortung für die eigenen Gefühle übernehmen.

5.1 Seine Mitmenschen einschätzen und verstehen

Die Zusammenarbeit im Team muss gelernt werden. Nicht von Anfang an ist Vertrauen vorhanden oder das Verständnis für die unterschiedlichen Arbeitsstile und Persönlichkeiten. Auch wenn zu einem eingespielten Team eine neue Person hinzukommt, ist Konfliktpotenzial gegeben. Die soziale Kompetenz jedes Einzelnen wird dadurch erneut auf die Probe gestellt.

Vertrauensverhältnisse

Einer der Grundpfeiler von Teamarbeit ist das gegenseitige Vertrauen. Überlegen Sie einmal:

- Wem vertraue ich in meinem nahen Umfeld?
- Was ist für mich besonders vertrauenswürdig an dieser Person?
- Wem vertraue ich weniger? Warum ist das so? Gab es ein bestimmtes Ereignis, durch das dieses mangelnde Vertrauen begründet ist?

Ob wir einem Menschen vertrauen, wird wesentlich durch sein Verhalten bestimmt, das wiederum eng mit seinem Persönlichkeitsprofil verbunden ist.

- Es gibt Menschen – wie z.B. Fred Bull –, die von anderen Menschen Konsequenz verlangen, damit sie zu ihnen Vertrauen fassen können.
- Eine Person wie Konrad Kleinlich achtet auf die genaue Übereinstimmung von Aussagen mit dem Handeln. Hält jemand seine Versprechen nicht hundertprozentig, würde das Konrad Kleinlich als unangenehm empfinden und kein Vertrauen fassen können.
- Miriam Wendig hätte mit einem solchen Verhalten wohl kaum ein Problem, dafür spricht sie auf Offenheit an, die auch Gefühle zeigt.
- Nicole Herzig hingegen fasst Vertrauen zu Menschen, die sie zunächst einfach so akzeptieren, wie sie ist, die sie nicht kritisieren.

Konfliktpotenzial

Mögliche Reibungspunkte werden deutlich, wenn Sie sich vor Augen führen, womit die verschiedenen Persönlichkeiten am meisten Probleme haben: Fred Bull tut sich schwer, einen Menschen zu akzeptieren, der nicht seinen Maßstäben entspricht. Nicole Herzig dagegen bleibt gerne bei einer Gewohnheit, statt neue Wege zu beschreiten. Konrad Kleinlich ist alles andere als offen und macht sich damit bei Miriam Wendig unbeliebt, die ihrerseits auch mal „fünf gerade sein lässt".

Emotionale Intelligenz können Sie lernen, indem Sie den Persönlichkeiten, mit denen Sie zusammenarbeiten, entgegenkommen. Stellen Sie sich zur Übung die folgenden Fragen:

- Wie wirken die Kollegen auf mich?
- Welche Eigenschaften nerven mich?
- Welche positiven Aspekte haben diese eigentlich negativen Eigenschaften?

Jeder sieht die Dinge anders

Es kann sein, dass Sie jemanden als „kleinkariert" erleben, dessen Eigenschaft aber auch als „genau" und „analytisch" beschrieben werden könnte. Vielleicht kritisieren Sie einen Mitarbeiter als autoritär und beherrschend, obwohl sein Verhalten auch als entschieden und energisch beurteilt werden könnte. Die Liste der Beispiele ließe sich weiter fortsetzen. Eine Eigenschaft wird dann zu einer Last für andere, wenn sie übertrieben wird.

Um Feedback bitten

Fragen Sie vertraute Kollegen oder Freunde danach, wie diese Sie erleben. Lassen Sie sich ein Feedback geben. Denkbar ist auch eine Teamübung: Jeweils zwei Mitarbeiter schätzen sich gegenseitig anhand eines Fragebogens ein, wobei jeder ein Feedback auf sein Verhalten bekommt. Folgende Fragen könnten gestellt werden:

- Wodurch lässt er/sie sich überzeugen?
- Welches Verhalten erweckt bei ihm/ihr Vertrauen?
- Wie geht man am besten in einem Streit mit ihm/ihr um?
- Welche ausgeprägten Stärken hat er/sie?
- Wodurch lässt er/sie sich am besten motivieren?
- Wie gestaltet man am besten eine Zusammenarbeit mit ihm/ihr?
- Wie verhält er/sie sich unter Druck? Wie geht man damit am besten um?
- Wie trifft er/sie Entscheidungen?
- In welchen Punkten könnte er/sie noch intensiver an sich arbeiten?

Ihr persönlicher Entwicklungsplan

Sie schärfen Ihre Sensibilität gegenüber Ihrem eigenen Verhalten, indem Sie sich überlegen, welche persönlichen Fähigkeiten Sie noch entwickeln möchten. Setzen Sie sich konkrete Ziele – bis wann möchten Sie einen Lernerfolg erzielt haben? Während die meisten, die mit einer Zielplanung arbeiten, gewohnt sind, Sachziele zu formulieren, geht es in diesem Fall um Beziehungsziele. Das setzt das Bewusstsein voraus, dass Erfolg nicht nur eine Sache von Zahlen und Fakten ist und dass Beziehungen nicht zufällig zustande kommen, sondern aufgebaut, gepflegt und gestaltet werden möchten.

Ihren Entwicklungsplan können Sie anhand der folgenden Fragen aufstellen:

- Wessen Vertrauen möchte ich bis ... gewonnen haben? Was will ich dafür tun?
- Welchen Eindruck möchte ich bei Kollegen hinterlassen? Wie will ich das erreichen?
- Welche Beziehungen möchte ich bis ... aufgebaut haben? Was will ich dafür an Zeit, Verhalten etc. investieren?
- In welchen Bereichen will ich Gelassenheit lernen? Was ist dafür notwendig?

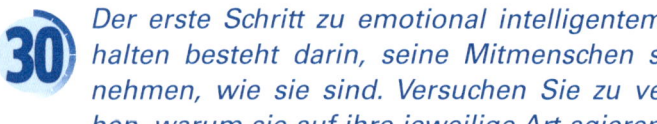

Der erste Schritt zu emotional intelligentem Verhalten besteht darin, seine Mitmenschen so zu nehmen, wie sie sind. Versuchen Sie zu verstehen, warum sie auf ihre jeweilige Art agieren.

5.2 Selbstvertrauen und Selbstbewusstsein entwickeln

Unser Selbstbewusstsein entwickelt sich zum großen Teil aus den Feedbacks, die wir bekommen. Ein Mensch, der direkt oder indirekt (z.B. durch Ausgrenzung) negative Feedbacks erhalten hat, wird mit hoher Wahrscheinlichkeit ein entsprechend negatives Selbstbild entwickeln. Derjenige, dem keine Selbstverantwortung zugetraut wird, wird auch glauben, nichts zu können. Oft entwickelt sich daraus ein Teufelskreis, weil sich die Person auch ausgrenzend und sozial ungeschickt verhält, sobald sie so eingeschätzt wird. Wichtig ist, dass Sie sich in dieser Situation vergegenwärtigen, dass Sie selbst ein positives Feedback anziehen können. Verhalten ist nicht festgelegt, sondern erlernbar.

Sich seiner Stärken bewusst werden

- Vergegenwärtigen Sie sich, welche Stärken Sie haben. Jedes Team besteht aus unterschiedlichen Persönlichkeiten, die sich ergänzen. Keine Persönlichkeit ist schlechter als die andere.
- Statt sich zu fragen „Was kann ich nicht?" sollten Sie sich überlegen, was Sie gut können. Betonen Sie die Stärken, die gebraucht werden.
- Fehler und Kritik können frustrieren. Ein hoher EQ zeichnet sich dadurch aus, dieses Gefühl zu überwinden. Traurigkeit und Ärger sind ganz normal, aber sie müssen auch ein Ende haben. Vergegenwärtigen Sie sich, dass jeder Fehler eine Chance zum Lernen bedeutet. Und: Verzeihen Sie sich selbst. Die härtesten Richter sind wir meistens selbst. Gehen Sie großzügiger mit sich um. Dadurch machen Sie auch auf andere einen offeneren Eindruck.

- Verbessern Sie Ihre soziale Kompetenz und lernen Sie, sich anzupassen. Diejenigen, die sich durch ihr Verhalten aus einer Gruppe ausgrenzen, werden von dieser immer als unangenehm und störend empfunden. Natürlich dürfen Sie dabei Ihre Persönlichkeit aber nicht verleugnen.
- Setzen Sie sich Ihre Ziele nicht zu hoch. Auch Ihren Tagesplan sollten Sie nur zu 60 Prozent im Vorfeld verplanen. Andernfalls stellt sich schnell das Gefühl ein, nie wirklich etwas zu schaffen.

 Akzeptieren Sie sich so, wie Sie sind. Betonen Sie Ihre Stärken, und entwickeln Sie ein gesundes Selbstvertrauen.

5.3 Soziale Kompetenz lernen

Empathie, die Voraussetzung für soziale Kompetenz, lässt sich lernen. Wichtig ist, die Dynamik und die unausgesprochenen Regeln zu verstehen. Wie sind die Menschen miteinander verbunden? Welche Gewohnheiten haben sie? Beachten Sie auch die bereits bestehenden Beziehungen. Haben Sie beispielsweise Schwierigkeiten, Anschluss zu finden, kann das daran liegen, dass Sie die Gruppendynamik nicht beachten.

Angenommen, Thomas Hacker wäre neu im Team. Sein Aufgabenfeld begeistert ihn, er sprudelt über vor neuen

Ideen. Während der ersten Teamsitzung meldet er sich zu Wort und weist darauf hin, welche Fehler im Ansatz des Programms liegen und was besser gemacht werden könnte. Die Kollegen fühlen sich von seiner Art überrollt, ärgern sich sogar. Thomas Hacker hat die Dynamik der Gruppe nicht beachtet, er hat nicht verstanden, dass er als Neuling behutsamer hätte vorgehen sollen. Nicht durch das, was er getan hat, sondern dadurch, wie er es getan hat, hat er seine Kollegen brüskiert.

Beziehungen festigen

Einen ähnlichen Fehler begehen Menschen, die von sich und ihrer Meinung erzählen und erzählen, ohne andere zu Wort kommen zu lassen. Ein Gespräch in einer Gruppe ist mehr als nur ein Austausch von Sachinformationen. Dialoge haben oft die primäre Aufgabe, ein Beziehungsmuster zu stabilisieren, wenn es sich nicht gerade um ein Meeting handelt, bei dem ein konkretes Thema durchgearbeitet wird.

Thomas Hacker trifft sich mit einigen Kollegen, darunter auch Vera Spitz, zu einer gemeinsamen Mittagspause im Park vor dem Büro. Einfach, um irgendein Thema anzusprechen, beginnt Thomas Hacker, über einen Artikel zu sprechen, den er in der Zeitung gelesen hat. Er handelte vom Bücherverkauf im Internet. „Ich habe da auch schon mal etwas bestellt", fügt Vera Spitz hinzu, während sie ihr Gesicht in die Mittagssonne hält. Man tauscht sich locker aus, nur Heiko Außenseiter ereifert sich beim Thema In-

ternetshops. Die kleinen Buchhandlungen seien bedroht, und eine wertvolle Kultur ginge verloren. Lang und breit will er erklären, bis Thomas Hacker ihn nach kurzer Zeit unterbricht: „Ich mach' mich dann schon mal auf."

Heiko Außenseiter hat einen typischen Fehler gemacht. Er hat nicht verstanden, dass das Gespräch in der Mittagspause nicht in die Tiefe ging. Vielmehr war der Austausch eine Vergewisserung der Gemeinschaft. Ähnliche Missverständnisse tauchen dann auf, wenn unterschiedliche Kulturen aufeinanderprallen. Das geschieht zum Beispiel bei internationalen Projektteams oder bei neuen Mitarbeitern, die bisher in einer völlig anderen Unternehmenskultur gearbeitet hatten. Fragen Sie sich daher, aus welchem Umfeld Ihr Kollege kommt. Welche Regeln gelten dort? Welche Sprache, auch nonverbal, spricht er? Soziale Kompetenz heißt auch, schnell zu erkennen, welcher Umgangston herrscht, welche Sprache und Regeln gelten. Wer hier eine Variantenvielfalt eigenen Verhaltens lernt, hat viel gewonnen. Der erste Schritt ist es, überhaupt zu erkennen und zu wissen, dass es unterschiedliche Kulturen und Gemeinschaften mit verschiedenen sozialen Regeln gibt.

30 *Soziale Kompetenz zu entwickeln bedeutet, sich in bestehende Beziehungen einfügen zu können. Es gilt, die unausgesprochenen Regeln und die Dynamik einer Gruppe zu verstehen.*

5.4 Sich selbst motivieren

Wenn lange Durststrecken vor dem nächsten Erfolgserlebnis liegen, fällt es schwer, die richtige Motivation für die Arbeit zu finden. Ähnlich ist es, wenn ein Missgeschick vom nächsten abgelöst wird. Versuchen Sie, sich dennoch nicht demotivieren zu lassen:

1. Wenn Sie sich ärgern oder ungerecht behandelt fühlen, bringen Sie das ohne Verallgemeinerung zur Sprache. Sie werden sich danach besser fühlen. Bei einem unbeteiligten Dritten zu klagen, führt zu keinem Ergebnis.

2. Halten Sie Ihre Ziele schriftlich fest, und konkretisieren Sie die sieben wichtigsten Ziele für die nähere Zukunft. Im Unterschied zu einem Wunsch gibt eine Zielbeschreibung ein konkretes Datum vor, an dem das Ziel erreicht sein soll, sowie ein Kriterium, anhand dessen Sie feststellen können, dass es tatsächlich erreicht wurde.

3. Führen Sie sich die langfristigen Ziele bildlich vor Augen. Malen Sie sich aus, wie es ist, wenn Sie einmal Ihr Ziel erreicht haben. Bilder haben eine Anziehungskraft. So, wie wir uns selbst Angst machen, können wir uns auch selbst motivieren.

4. Nutzen Sie Fehler und Probleme, um an ihnen zu wachsen und sich weiterzuentwickeln. Jeder kann hinfallen; wichtig ist es, wieder aufzustehen. Nehmen Sie sich fest vor, was Sie beim zweiten Mal anders machen werden.

5. Setzen Sie Teilschritte, um Ihre Ziele zu erreichen, damit sie nicht in unendlicher Reichweite verschwinden. Belohnen Sie sich, wenn Sie eines der Teilziele erreicht haben. Ein Feierabend kann dann im wahrsten Sinne ein Feierabend sein.

6. Erinnern Sie sich an Situationen, in denen Sie zuversichtlich waren und die Sie mit Erfolg gemeistert haben. Das hilft Ihnen zum Beispiel dann, wenn Sie aufgeregt sind oder glauben, Sie seien einer Aufgabe nicht gewachsen.

Morning Notes für mehr Gelassenheit

Nehmen Sie sich jeden Morgen fünf Minuten Zeit, um Ihre Gefühle und all das, was Ihnen für den anstehenden Tag durch den Kopf geht, festzuhalten. Schreiben Sie einfach drauflos, ohne sich selbst zu zensieren. Vielleicht sind es Ängste, die Sie bewegen, oder Hoffnungen. Möglicherweise denken Sie darüber nach, was Sie demnächst machen wollen. Praktizieren Sie diese Morning Notes einmal zwei Wochen lang. Diese Methode wird Ihnen helfen, sich über sich selbst und Ihre Gefühle Klarheit zu verschaffen. Das erlaubt, mit größerer Sicherheit Entscheidungen zu treffen und nicht Gefahr zu laufen, im täglichen Stress das zu vergessen, was für Sie von großer Wichtigkeit ist.

Motivieren Sie sich selbst, um Energie für Ihre tägliche Arbeit zu gewinnen. Setzen Sie sich Ziele und Teilziele und belohnen Sie sich nach den Erfol-

gen. Lernen Sie aus Fehlern und nutzen Sie die Chance, sich weiterzuentwickeln.

5.5 Verantwortung für die eigenen Gefühle übernehmen

Vielleicht gehören Sie zu den Menschen, die oft niedergeschlagen sind, Angst fühlen oder Trauer empfinden. Sie sind nicht allein; viele Menschen kommen mit ihren Gefühlen nicht zurecht oder leiden unter ihnen. Sie brauchen deswegen nicht einer Grübelei zu verfallen, um irgendwelche verborgenen Gründe aufzuspüren. Wichtig ist es, den dahinterstehenden Teufelskreis zu durchbrechen. Dieser sieht so aus: Vielleicht kennen Sie ein negatives Gefühl, wenn Sie morgens aufstehen. Das belastet Sie und der Druck erhöht sich. Andere mögen sich schuldig fühlen und haben schon ein schlechtes Gewissen, dass sie sich dabei so wichtig nehmen. Diese negativen Gefühle erzeugen weitere Gefühle. Schuldgefühle ziehen beispielsweise noch mehr Schuldgefühle nach sich, Depression ruft noch stärkere Depression hervor. Auch Ängste im Beruf können sich auf diese Weise verstärken. Versuchen Sie, Ihre Gefühle in der Wirklichkeit zu verwurzeln, nicht in Ihren Annahmen. Ein freudiges Ereignis sollte bei Ihnen Freude auslösen, und eine Niederlage darf Sie traurig stimmen.

ABC der Gefühle

Die rational-emotive Therapie hat ein ABC der Gefühle entwickelt, das sich als wirksam erwiesen hat, um die Verstärkung negativer Gefühle aufzuhalten.

(A)   Die Situation: Was ist passiert?

(B)   Bewertung der Situation als positiv, negativ oder neutral: Was bedeutet die Situation für mich?

(C)   Gefühl und Verhalten: Wie fühle und verhalte ich mich?

Thomas Hacker fühlt sich an einem Regentag deprimiert. Das schlägt sich bei ihm im Magen nieder, er spürt dort einen Druck. Mechanisch macht er sich an die Arbeit, während ihm immer wieder Gedanken über das negative Gefühl durch den Kopf schießen.

Negative Gefühle durchbrechen

Thomas Hacker würde in dieser Situation sicher helfen, das ABC der Gefühle durchzugehen. Als Situation (A) ist nur ein negatives Gefühl gegeben, das vermutlich durch das Wetter ausgelöst wurde. Direkte gesundheitliche Probleme hat er nicht. Bei einer Bewertung (B) wird er feststellen, dass die Gefühle gar nichts zu bedeuten haben, dass ihm ein Tag mit vielen Möglichkeiten bevorsteht. Lediglich das Wetter treibt sein Spiel. Dann könnte Thomas Hacker den Entschluss fassen (C), sich wie üblich auf seine Arbeit zu konzentrieren, und sich vielleicht beim trüben Wetter etwas Schönes für den Feierabend vornehmen.

Es ist immer möglich, dass Sie weiterhin negative Gedanken verspüren. Rufen Sie sich dann einfach wieder Ihre Antworten auf das ABC der Gefühle in Erinnerung. Emotionale Intelligenz erfordert Training. Es kann Wochen dauern, bis Sie Ihre üblichen Verhaltensmuster durchbrechen. Besonders das Einfühlen in Situationen und Menschen will geübt sein. Lassen Sie sich nicht zu schnell entmutigen, Sie werden schon nach kurzer Zeit ein positives Feedback von Ihren Kollegen und Mitarbeitern bekommen, das Ihnen den weiteren Weg erleichtert.

Emotionale Intelligenz lässt sich lernen. Nutzen Sie die Möglichkeiten, in und an der Praxis zu lernen.

- *Versuchen Sie, Situationen und Menschen möglichst realistisch einzuschätzen.*
- *Stehen Sie zu sich selbst, entwickeln Sie Selbstvertrauen und Selbstbewusstsein.*
- *Halten Sie sich stets vor Augen, dass Sie für Ihre Gefühle verantwortlich sind – dass Sie sie also auch steuern können.*

Fast Reader

1. IQ und EQ – das Erfolgs-gespann

Zeichen von emotionaler Intelligenz sind eine hohe Selbstbeherrschung und das intuitive Wissen, Gefühle zur richtigen Zeit zu zeigen oder ihnen nachzugeben. Keineswegs ist damit eine Unterdrückung von Impulsivität und Gefühlen gemeint. Am besten passt das Bild eines Flusses, der weder gestaut wird noch ungehindert über die Ufer tritt, sondern seinen Weg durch ein Flussbett und Kanäle findet. Letztere fangen das Wasser auf, wenn einmal unverhofft viel kommt.

Während die kognitive Intelligenz unser logisches, sprachliches und abstraktes Denken meint, ist emotionale Intelligenz die Fähigkeit, eigene Gefühle zu erkennen und mit ihnen umzugehen. Ebenso gehört dazu eine Feinfühligkeit gegenüber anderen Menschen, die uns dabei hilft, in verschiedenen Situationen das intuitiv Richtige zu

tun, um eine gute Zusammenarbeit zu ermöglichen, Konflikte zu lösen und Beziehungen aufzubauen.

Denken und Fühlen gehören zusammen. Das Denken lässt uns Situationen erkennen, Schlüsse ziehen und Pläne erstellen. Unsere Gefühle hingegen
geben uns Motivation, lassen uns vorsichtig sein
und andere Menschen verstehen. Von daher ist
mit gutem Grund von einer emotionalen Intelligenz die Rede. Werte und Interessen lenken unsere Aufmerksamkeit und prägen unser Bild von der
Welt.

**Emotionale Intelligenz (EQ) ist die Fähigkeit, eige-
ne Gefühle und die anderer Menschen zu verstehen und mit ihnen umzugehen.**

- **Vernunft und Gefühl hängen eng zusammen:
  Die Vernunft liefert Argumente, Schlussfolgerungen und eine Analyse, während Gefühle
  Motivation, Aufmerksamkeit und Sensibilität
  beisteuern.**
- **Emotionale Intelligenz ist für unseren Erfolg
  mindestens ebenso wichtig wie der IQ. Sie erlaubt uns, mit Misserfolgen umzugehen, Ausdauer zu haben, Kooperationen und Beziehungen aufzubauen und Konflikte zu lösen.**

2. Die Sprache der Gefühle: Signale verstehen

Wer die Sprache der Gefühle verstehen will, muss zunächst lernen, sich selbst zu verstehen. Dafür ist es wichtig, das Selbstbild mit der Einschätzung anderer zu vergleichen. Dies können Sie erreichen, indem Sie nach Feedback fragen. Denken Sie über Ihre Reaktionen und Verhaltensweisen nach, und versuchen Sie diese zu akzeptieren.

Wahrscheinlich wissen Sie, welcher Persönlichkeitstyp Sie sind, welche Charakterzüge Sie haben. Akzeptieren Sie diese – auch die negativen. Versuchen Sie nicht, negative Eigenschaften zu leugnen.

Emotional intelligentes Handeln bedeutet, mit seinen Energien sinnvoll umzugehen. Spüren Sie in sich hinein, und gönnen Sie sich Pausen, wenn Sie erschöpft sind. Nur so können Sie gute Leistungen erbringen.

Um erkennen zu können, was Ihr Gegenüber denkt und empfindet, sollten Sie aufmerksam seine Körpersprache beobachten. Versuchen Sie, sich in seine Situation zu versetzen: Wie sieht er die Angelegenheit?

Ein wesentlicher Bestandteil des emotional intelligenten Handelns ist die Achtsamkeit für andere Menschen. Versuchen Sie, sich in ihre Situation zu versetzen – was empfinden sie, was könn-

*ten sie wollen? Empathie (Einfühlungsvermögen)
lässt sich erleren. Achten Sie besonders auf körpersprachliche Signale wie Mimik, Gestik, Stimmlage und Haltung etc.*

**Der erste Schritt zum emotional intelligenten
Handeln ist das Erkennen und Verstehen von Ge-
fühlen – sowohl der eigenen als auch der anderer
Menschen.**

- **Achten Sie darauf, wie Sie sich in verschiedenen Situationen verhalten und wie andere darauf reagieren.**
- **Mimik, Gestik, Körperhaltung und Stimme geben Ihnen Auskunft über die Gefühle anderer
Menschen. Versuchen Sie, auf die verschiedenen Persönlichkeiten einzugehen.**
- **Menschen haben unterschiedliche Persönlichkeitsstile, hinter denen verschiedene Neigungen und Gefühle stehen. Versuchen Sie, Ihr
Verhalten auf Ihr Gegenüber abzustimmen. Nur
so können Sie überzeugen.**

3. Emotional intelligentes Handeln

*Ein Kennzeichen von emotional intelligentem
Handeln ist Ehrlichkeit. Wer einen fachlichen Fehler gemacht hat, sollte dies offen zugeben, statt*

anderen die Schuld zuzuschieben. Nur so kann ein Team mit konzentrierter Kraft das gewünschte Ergebnis herbeiführen.

Zeigen Sie ehrliches Interesse an Ihren Kollegen, zumindest auf der fachlichen Ebene. Fragen Sie nach ihrer Meinung und berücksichtigen Sie ihre Anliegen. Stellen Sie ihre jeweiligen Stärken heraus.

Erfolg im Umgang mit anderen Menschen werden Sie erst haben, wenn Sie Ihr jeweiliges Verhalten auf die Persönlichkeit Ihres Gegenübers abstimmen. Bei extrovertierten Kollegen werden Sie anders auftreten müssen als bei stillen, introvertierten Mitarbeitern.

Im Umgang mit leistungsorientierten Menschen ist es sinnvoll, sich auf die Fakten zu konzentrieren. Bei genauen, eher introvertierten Kollegen kommt man am besten zu einem Ergebnis, wenn man Zuverlässigkeit und fachliche Anerkennung in den Vordergrund stellt.

Ein dirigierender Führungsstil empfiehlt sich, wenn das Team noch nicht zusammengewachsen ist. In der folgenden Phase hilft ein trainierender Führungsstil, die Kompetenzen der einzelnen Mitarbeiter auszubauen.

 30 *Emotional intelligentes Handeln ist durch emotionale Aufrichtigkeit und ein situationsgerechtes Verhalten gekennzeichnet:*

- *Jeder – ob Teammitglied oder Führungskraft – sollte im Umgang mit anderen Menschen die unterschiedlichen Persönlichkeiten berücksichtigen.*
- *Ebenso wichtig ist die Situation, in der sich eine Person oder ein Team befindet. Dies betrifft Gefühle, Kompetenzen und Motivation.*
- *Ein hoher EQ zeichnet sich durch eine hohe Ambiguitätstoleranz – die Fähigkeit, mit widersprüchlichen Situationen umgehen zu können – aus.*

4. EQ und der Umgang mit Sprache

So wie Worte in unseren Köpfen Bilder erzeugen, sind sie auch mit unseren Gefühlen verknüpft. Finden Sie heraus, wie Worte die Menschen bewegen, mit denen Sie täglich zu tun haben. Welche Worte lösen Widerstand aus, welche wecken positive Assoziationen? Welche Sprache wird in Ihrem Umfeld gesprochen?
Mit geeigneten Formulierungen nach Feedback zu fragen verbessert die Zusammenarbeit. Wenn Sie selbst Feedback geben, sollten Sie Ihre Worte mit Bedacht wählen.

Kennzeichen des emotional intelligenten Handelns sind emotionale Ehrlichkeit und die Fähigkeit zu einem fairen Dialog.

- *Dabei ist es wichtig, die richtige Balance zwischen Offenheit und Distanz zu gewinnen. Das bedeutet Mut zur Angriffsfläche.*
- *Um Beziehungen aufzubauen und zu gestalten, hilft ein echtes Interesse an den Menschen und eine Verbindlichkeit, die Vertrauen schafft.*
- *Einen Dialog zu führen bedeutet, aktiv zuzuhören, wirksame Fragen zu stellen und Feedback zu geben.*

5. Emotionale Intelligenz lernen

Der erste Schritt zu emotional intelligentem Verhalten besteht darin, seine Mitmenschen so zu nehmen, wie sie sind. Versuchen Sie zu verstehen, warum sie auf ihre jeweilige Art agieren.

Akzeptieren Sie sich selbst so, wie Sie sind. Betonen Sie Ihre Stärken, und entwickeln Sie ein gesundes Selbstvertrauen.

Soziale Kompetenz zu entwickeln bedeutet, sich in bestehende Beziehungen einfügen zu können. Es gilt, die unausgesprochenen Regeln und die Dynamik einer Gruppe zu verstehen.

Motivieren Sie sich selbst, um Energie für Ihre tägliche Arbeit zu gewinnen. Setzen Sie sich Ziele und Teilziele und belohnen Sie sich nach den Erfolgen. Lernen Sie aus Fehlern, und nutzen Sie die Chance, sich weiterzuentwickeln.

Emotionale Intelligenz lässt sich lernen. Nutzen Sie die Möglichkeiten, in und an der Praxis zu lernen.

30

- *Versuchen Sie, Situationen und Menschen möglichst realistisch einzuschätzen.*
- *Stehen Sie zu sich selbst, entwickeln Sie Selbstvertrauen und Selbstbewusstsein.*
- *Halten Sie sich stets vor Augen, dass Sie für Ihre Gefühle verantwortlich sind – dass Sie sie also auch steuern können.*

Weiterführende Literatur

- Cooper, Robert K. und Sawaf, Ayman: Emotionale Intelligenz für Manager. München: Heyne 1997
- Damasio, Antonio R. : Descartes Irrtum. München: dtv 1997
- Enkelmann, Nikolaus B. und Christiane Burkart: Erfolgsprinzipien der Optimisten. Offenbach: GABAL 1998 (mit Audio-CD)
- Gay, Friedbert (Hrsg.): DISG-Persönlichkeits-Profil. Offenbach: GABAL 10. Auflage 1998
- Goleman, Daniel: Emotionale Intelligenz. München: dtv 1997
- Groth, Alexander: 30 Minuten Führen mit EQ. Offenbach: GABAL 2012
- Hauser, Renate: Dialogmanagement. Soziale Kompetenz und emotionale Intelligenz für Manager. Düsseldorf: Metropolitan 1997
- Scheler, Uwe: Management der Emotionen. 25 Übungen zur Verbesserung der emotionalen Intelligenz. Offenbach: GABAL 1999
- Seiwert, Lothar J. und Friedbert Gay: Das 1 x 1 der Persönlichkeit. Sich und andere besser verstehen, beruflich und privat das Beste erreichen, das DISG-Persönlichkeitsmodell anwenden. Offenbach: GABAL 4. Auflage 1998
- Ulsamer, Berthold: Karriere mit Gefühl. So nutzen Sie Ihre emotionale Intelligenz. Frankfurt: Campus 1996

Register